Python
Programming

# Python

## 编程基础

### 项目式微课版

王健 彭聪◉主编

张瑞元 王雪洋 陈祥俭 薛萌 李凌◉副主编

人 民 邮 电 出 版 社

北 京

**图书在版编目（CIP）数据**

Python 编程基础 : 项目式微课版 / 王健，彭聪主编.
北京 : 人民邮电出版社，2024. -- （名校名师精品系列
教材）. -- ISBN 978-7-115-64846-4

Ⅰ. TP311.561

中国国家版本馆 CIP 数据核字第 2024AU6473 号

## 内 容 提 要

本书根据高等院校应用技术型人才培养的目标编写，适合案例学习和模块化教学相结合的教学方式。本书以真实企业开发案例和典型工作任务为载体组织教学单元，较为全面地介绍了 Python 的基础知识、高级知识和常用科学计算库。全书共 8 个模块，分别为初识 Python、Python 数据类型、Python 流程控制、Python 函数与模块、Python 文件处理、Python 面向对象、Python 高级知识和 Python 科学计算库。

本书可以作为高等院校计算机及相关专业 Python 编程等课程的教材，也可以作为广大计算机爱好者或 Python 相关从业人员的参考书。

- ♦ 主　　编　王　健　彭　聪
  副 主 编　张瑞元　王雪洋　陈祥俭　薛　萌　李　凌
  责任编辑　顾梦宇
  责任印制　王　郁　焦志炜
- ♦ 人民邮电出版社出版发行　　北京市丰台区成寿寺路 11 号
  邮编　100164　 电子邮件　315@ptpress.com.cn
  网址　https://www.ptpress.com.cn
  大厂回族自治县聚鑫印刷有限责任公司印刷
- ♦ 开本：787×1092　1/16
  印张：13.5　　　　　　　　　　2024 年 10 月第 1 版
  字数：344 千字　　　　　　　　2024 年 10 月河北第 1 次印刷

定价：56.00 元

读者服务热线：(010)81055256　印装质量热线：(010)81055316
反盗版热线：(010)81055315
广告经营许可证：京东市监广登字 20170147 号

Python 是一门新兴的解释型编程语言，它具备简单易学、面向对象、可扩展、可移植、功能强大、开源等特点，是目前最受欢迎的编程语言之一。Python 在 Web 开发、网络爬虫、数据科学、自动化运维、数据库编程、网络编程、图形处理、文本处理、多媒体应用、人工智能等领域被广泛应用。学习 Python，读者可以为从事 Web 开发、网络爬虫、数据分析、人工智能、游戏开发等相关工作打下基础。

本书编者与北京软通动力教育科技有限公司开展校企合作，在书中引入丰富的一线企业开发案例，并配套 PPT 课件、微课、习题、试卷等立体化资源。本书支持教师结合智慧职教网络教学平台，开展线上线下混合式教学。

本书共 8 个模块，分别为初识 Python、Python 数据类型、Python 流程控制、Python 函数与模块、Python 文件处理、Python 面向对象、Python 高级知识、Python 科学计算库等。

模块 1 介绍 Python 发展历史、开发环境的搭建和开发工具的使用、语法特点和编程规范等。

模块 2 介绍 Python 数据类型，包括整型、浮点型、布尔类型、复数类型、字符串、集合、列表、元组、字典，并介绍这些数据类型的常见操作和使用方法。

模块 3 介绍 Python 流程控制，包括分支结构中的单分支语句、双分支语句、多分支语句、分支嵌套，循环结构中的 for 循环、while 循环、循环嵌套和流程跳转。

模块 4 介绍 Python 函数与模块，引导读者了解函数并掌握函数的基本使用方法，掌握模块的基本概念，以及 time、random、turtle 等模块的使用方法。

模块 5 介绍 Python 文件处理，包括文件的基本操作和基于模块的文件操作。其中，后者又包括使用 os 模块操作文件、使用 shutil 模块操作文件，以及使用 openpyxl 模块操作 Excel 文件。

模块 6 介绍 Python 面向对象，包括面向对象简介，类的定义与使用，以及继承。

模块 7 介绍 Python 高级知识，主要包括正则表达式和多线程。

# 前　言

　　模块 8 介绍 Python 科学计算库，主要包括 NumPy、SciPy、pandas、Matplotlib 的相关内容。读者可根据自身的学习情况和课时安排有选择性地学习本模块的相关内容。

　　本书建议学时为 54~72 学时（模块 8 为选学内容），各模块的学时分配情况如下表所示。

### 学时分配表

| 模块序号 | 模块内容 | 建议学时 |
| --- | --- | --- |
| 1 | 初识 Python | 4 |
| 2 | Python 数据类型 | 10 |
| 3 | Python 流程控制 | 6 |
| 4 | Python 函数与模块 | 10 |
| 5 | Python 文件处理 | 8 |
| 6 | Python 面向对象 | 10 |
| 7 | Python 高级知识 | 6 |
| 8 | Python 科学计算库（选学内容） | 18 |
| 学时总计 | | 72 |

　　本书由王健、彭聪任主编，张瑞元、王雪洋、陈祥俭、薛萌、李凌任副主编。

　　由于编者水平有限，书中难免存在欠妥之处，敬请读者批评指正。如果您有宝贵意见，欢迎您通过邮箱 wangj01@sziit.edu.cn 联系编者。

编者

2024 年 4 月

# 目 录

# 目 录

# 模块1
# 初识Python

01

🔍 情景引入

    Python语法简单、功能多样，因此备受开发人员喜爱，其广泛应用于常规软件开发、科学计算、自动化运维、云计算、Web开发、网络爬虫、数据分析、人工智能等领域。本模块将概述Python及其发展历史、环境搭建、常用开发环境和开发工具、语法特点、编程规范、基本输入输出函数、运算符等相关知识。

📖 知识准备

    在使用 Python 进行程序开发之前，首先需要了解 Python 的基本情况、常用开发环境和开发工具、基础语法等。本模块将围绕这些内容进行介绍。

# 1.1 Python 概述

学习 Python，需要了解这门语言到底是什么？可以做什么？有什么优缺点？版本更新迭代如何？环境怎么搭建？本节将对这些问题进行详细介绍。

## 1.1.1 了解 Python

### 1. Python 是什么

了解 Python

Python 是一种跨平台的计算机编程语言，也是一种面向对象的动态类型语言，最初被设计用于编写自动化脚本（Script），但随着版本的不断更新和新功能的添加，它越来越多地被用于独立的、大型项目的开发。

### 2. Python 可以做什么

编程语言的功能无非是描述一个任务的所有指令，然后交由机器按指令中规定的流程执行。Python 是一种解释执行的编程语言，它能够正常工作的前提是有一个能够对语言本身进行解释执行的解释器。只要有解释器，Python 就能够完成计算机所能完成的大部分任务，包括常见的数学计算任务、批处理任务、爬虫任务等。

Python 依赖于解释器，无法在没有解释器的环境中执行程序。Python 的执行效率并不是最高的。但是，Python 可以较方便地调用其他编程语言，因此 Python 被称为"胶水语言"。也就是说，Python 可以把用其他编程语言实现的程序组合在一起，完成更加丰富的工作。

### 3. Python 的优缺点

作为一种新兴的编程语言，Python 之所以能够迅速被程序员所接受，归功于它具有许多独特的优点。

（1）Python 具有近乎人类自然语言的代码风格，简单易懂。除了程序员外，很多非专业人士都可以使用 Python 来实现他们的想法。

（2）Python 使用严格的代码缩进作为语法的一部分，这使得阅读代码更为容易，更利于代码的传播和二次开发。

（3）Python 是开源的，它已被移植在 Linux、Windows 等多个平台上。若 Python 程序中不包含针对特定操作系统特有的功能调用或依赖，那么这段程序理论上可以在支持 Python 的所有平台上运行，而不需要为适应不同平台去做额外的修改。

（4）Python 具有庞大的标准库，方便处理各种工作，利用这些标准库，用户可进行正则表达式匹配与搜索、文档生成、网页解析与生成、电子邮件生成等。

基于以上优点，使用 Python 的人越来越多，第三方包越来越丰富，能够完成的功能也越来越多。

当然，Python 也有缺点，其主要的缺点有以下两点。

（1）Python 的执行速度慢于 C 语言和 Java 等。但是，在大多数情况下，Python 已经完全可以满足用户对速度的要求。当用户对速度要求极高时，可以换一种编程语言来完成任务。

（2）Python 的全局解释器锁（Global Interpreter Lock，GIL）不支持多个线程同时运行。

## 1.1.2 Python 发展历史

### 1. Python 起源

Python 发展历史

1989 年，荷兰程序员吉多·范·罗苏姆（Guido van Rossum）为了打发无聊的圣诞节，开发了一个新的脚本解释程序——Python。但是，Python 并不是吉多在圣诞节期间凭空开发的，它的灵感来源于吉多参与设计的用于闭源教学的编程语言 ABC。ABC 的语法接近英语语法，比当时的 Basic、C 语言、Pascal、Fortran 等编程语言都容易使用。在 ABC 的基础上，吉多借鉴了 Modula-3、UNIX Shell 和 C 语言等编程语言的优点，对 Python 进行持续改进和优化。1991 年，第一个 Python 编译器（也是解释器）诞生。诞生之初，Python 就拥有很多编程语言的良好"基因"：类（class）、函数（function）、异常处理（exception handling）等结构，列表（list）、字典（dict）等序列数据类型，以及以模块（module）为基础的拓展系统。1994 年 1 月，吉多正式发布了 Python 1.0。

### 2. Python 的版本更新迭代

2000 年，Python 2.0 发布，它包含许多主要的新功能，如以内存管理为目的的垃圾回收器、支持列表生成式，以及支持统一码等。一个重要的变化是，从 2.0 版本开始，Python 的开发升级更加透明，并且转向社区开发，这样可以有更多的人为 Python 贡献力量。随着时间的推移，Python 慢慢由 2.1 版本升级到 2.7 版本。但是，在功能升级的同时，Python 2.x 出现了很多重复的结构和模块。这就违背了 Python 的设计初衷：应该有一种且最好只有一种显而易见的实现方案。

2008 年，Python 3.0 发布，如图 1-1 所示。为了不受 Python 2.x 的影响，3.x 版本不再兼容 2.x 版本的代码。从 Python 3.0 版本开始，不同类型的元素之间不可以直接做比较，而这在 2.x 版本的代码中有一套较为复杂的比较机制来实现。此外，从 Python 3.0 版本开始，整数只有 int 类型这一种，不再有 long 类型。当然，还有很多其他的变化，但这些变化都是为了使 Python 回归它的设计初衷。

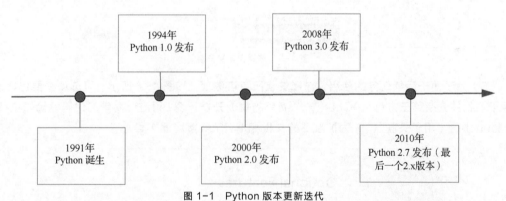

图 1-1 Python 版本更新迭代

2020 年 1 月 1 日，Python 2 停止升级维护。目前，虽然还有一些 Python 2 的代码，但是这些代码都开始慢慢迁移到 Python 3。截至 2024 年 7 月，Python 已经升级到 3.12.4 版本。需要注意的是，本书所涉及的操作步骤和代码都基于 Python 3.7。

## 1.1.3 Python 环境搭建

Python 是一种解释型编程语言，无论在什么环境下，只要有解释器，Python 代码就可以正常执行。但是，这只是理想状态。因为解释器不能做所有的事，否则解释器就会太"臃肿"。

在大多数情况下，运行 Python 代码需要一个解释执行的环境，环境中除了解释器外，还需要很多依赖的库，以及 Python 内置的包。所以，想要使用 Python 进行编程，首先需要为其搭建一个执行环境。下面分别介绍在 Windows 和 Linux 两种操作系统中搭建 Python 执行环境。

### 1. 在 Windows 中搭建 Python 执行环境

目前，Windows 中有多种搭建 Python 执行环境的方式。为了便于理解，本书示范安装最简单的执行环境。

（1）登录 Python 官网，搜索 Python 环境安装程序。

（2）根据需要，选择最新的 Windows 中 64 位或 32 位的安装程序，下载可执行程序的安装包。下载后的安装包如图 1-2 所示。

在 Windows 中
搭建 Python 执行
环境

python-3.7.0-a
md64.exe

图 1-2　Python 3.7 的安装包

（3）双击安装包，开始安装。选择自定义安装（Customize installation），如图 1-3 所示。

（4）勾选"Add Python 3.7 to PATH"复选框。该复选框表示把 Python 的执行目录放到系统的 PATH 环境变量中，从而使得可以在 Windows 的任何位置调用 Python 解释器。

图 1-3　选择自定义安装

（5）为了便于后续任务的使用，选择安装所有可选项，如图 1-4 所示。可选项主要包括 pip（用于下载并安装第三方包）、IDLE（一个简单的集成开发环境，可进行简单的代码编辑和执行）、py launcher（用于关联以.py 为扩展名的文件和 Python 解释器）等。

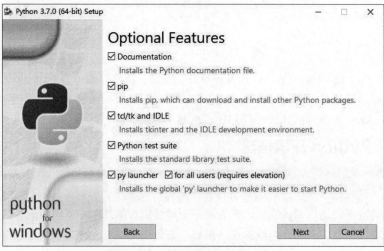

图 1-4　选择安装所有可选项

（6）设置需要安装的高级选项，如图 1-5 所示。在这一步，读者需要重点关注两项。首先，注意勾选"Install for all users"复选框，它表示为所有用户安装 Python。其次，选择一个安装位置（对应图 1-5 所示界面中的"Customize install location"），也可以使用默认位置。选择完毕后，单击"Install"按钮开始安装。

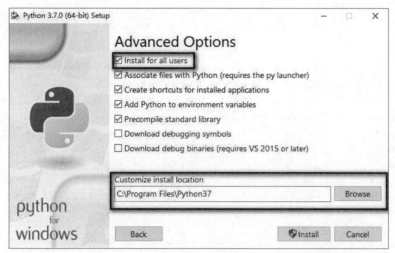

图 1-5　高级选项

（7）具体的安装时间由选择的安装内容决定。选择的安装内容越多，安装所需的时间就越长。当进入图 1-6 所示的界面时，表示安装完成。单击"Close"按钮，退出安装。

图 1-6　安装完成

至此，就安装好了 Windows 中的 Python 执行环境，后续所写的任何 Python 代码都可以正常运行。

### 2. 在 Linux 中搭建 Python 执行环境

目前，主流的 Linux 发行版都自带 Python 执行环境，很多既包含 Python 2 的执行环境，又包含 Python 3 的执行环境。即便如此，系统有时候仍不能满足需求，需要用户自行搭建合适的执行环境。下面以 64 位 Linux 中的 CentOS 为例，介绍两种在 Linux 中搭建 Python 3 执行环境的方法。

在 Linux 中搭建
Python 执行环境

（1）通过编译源码安装。

首先，在 Linux 中通过命令下载 Python 的源码。

```
[root@localhost ~]# wget https://www.python.org/ftp/python/3.7.0/Python-3.7.0.tgz
```

图 1-7 所示的下载地址同样来自 Python 官网。

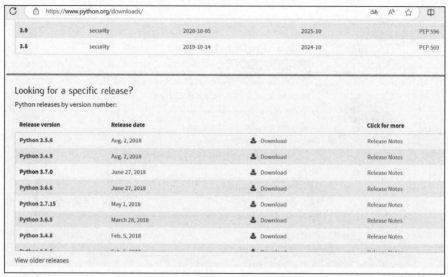

图 1-7　Linux 下源码安装包

下载后，得到一个以.tgz 为扩展名的压缩包，通过命令把压缩包解压缩。

```
[root@localhost ~]# tar -xzf Python-3.7.0.tgz
```

解压缩完成后，当前目录下就会有一个 Python 的源码文件夹。源码文件夹的内容如下。

```
[root@localhost Python-3.7.0] # ls
aclocal.m4        Include          Misc         pyconfig.h.in
config. guess     install-sh       Modules      Py3pthon
config.sub        Lib              Objects      README.rst
configure         LICENSE          Parser       setup.py
conf igure.ac     m4               PC           Tools
Doc               Mac              PCbuild
Grammar           Makefile.pre.in  Programs
```

其次，执行以下命令生成 Makefile 文件，以用于编译。

```
[root@localhost ~]# ./configure
```

Makefile 文件生成后，就可以开始编译了。

```
[root@localhost ~]# make
```

make 命令的作用是根据 Makefile 文件编译出需要的文件。如果要使用环境，则还要有安装过程。安装的命令就是在 make 后面加 install 参数。

```
[root@localhost ~]# make install
```

执行完成后，在 CentOS 上，Python 的文件会被安装到/usr/local/bin 目录下。以下为在 CentOS 下的 Python 解释器。

```
[root@localhost bin] #ls | grep python
python3
python3.7
python3.7-config
python3.7m
python3.7m-config
python3-config
```

（2）通过系统的软件管理工具直接下载 Python 执行环境。

有时，一些发行版的 Linux 已经在软件仓库中编译好了 Python 的执行环境，用户只需通过网络把执行环境下载下来即可。例如，在 CentOS 中可以直接使用 yum 命令下载 Python 执行环境，代码如下。

```
[root@localhost ~]# yum install Python3 -y
```

这样，就可以得到一个 Python 3 的执行环境。因为 yum 命令来自 Linux 的软件仓库，具体版本由仓库内容确定。

## 1.2 Python 常用开发工具介绍

本节主要介绍几种在 Windows 中常用的 Python 开发工具，包括 IDLE、Anaconda、PyCharm、Jupyter Notebook 等，这些开发工具可作为 Python 的集成开发环境（Integrated Development Environment，IDE）。

### 1.2.1 IDLE

IDLE 是 Windows 中 Python 环境自带的开发工具。它的界面和操作都比较简单，包含代码编辑、解释执行、代码跟踪调试等基本功能，比较适合初学者使用。

可以在 Windows 上安装 Python 环境时选择安装 IDLE，如图 1-8 所示。

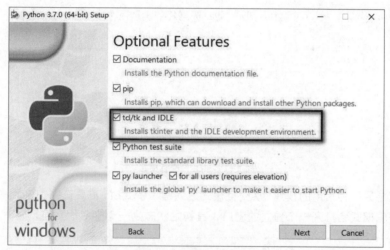

图 1-8　选择安装 IDLE

安装完成后，在系统的"开始"菜单的 Python 目录中会显示 IDLE，如图 1-9 所示。

图 1-9　Python 目录中的 IDLE

打开 IDLE，其初始界面如图 1-10 所示。

```
Python 3.7.0 Shell                                                    —    □    ×
File  Edit  Shell  Debug  Options  Window  Help
Python 3.7.0 (v3.7.0:1bf9cc5093, Jun 27 2018, 04:59:51) [MSC v.1914 64 bit
(AMD64)] on win32
Type "copyright", "credits" or "license()" for more information.
>>> |


                                                                          Ln: 3  Col: 4
```

图 1-10　IDLE 初始界面

IDLE 有两种使用模式，一种是初始时的交互模式，另一种是编辑模式。IDLE 的使用模式默认是交互模式。

在交互模式下，Python 语句以命令的形式执行。在"＞＞＞"提示符后，输入要执行的 Python 语句，按 Enter 键，IDLE 会立即对这条语句进行解释执行，并输出结果，如图 1-11 所示。

```
Python 3.7.0 Shell                                                    —    □    ×
File  Edit  Shell  Debug  Options  Window  Help
Python 3.7.0 (v3.7.0:1bf9cc5093, Jun 27 2018, 04:59:51) [MSC v.1914 64 bit
(AMD64)] on win32
Type "copyright", "credits" or "license()" for more information.
>>> print("Hello,World!")
Hello,World!
>>> 3+4
7
>>> |


                                                                          Ln: 7  Col: 4
```

图 1-11　IDLE 交互模式

编辑模式是另一种常用的模式。从交互模式进入编辑模式时，需要选择"File"→"New File"选项。进入编辑模式会打开一个独立的窗口，其初始状态是一个空白的文档，如图 1-12 所示。

图 1-12　IDLE 编辑模式

在编辑模式下，代码编辑完成后，首先要保存为 Python 源码文件。选择"File"→"Save"选项，或者按"Ctrl+S"组合键，把代码保存为一个以.py 为扩展名的文件，如图 1-13 所示。

图 1-13　保存代码

　　代码保存为 Python 源码文件后，就可以使用 IDLE 对它进行解释执行了。选择"Run"→"Run Module"选项，或者按"F5"键，就会对当前打开的 Python 文件进行解释执行。执行的结果会在一个新的交互式窗口中显示，如图 1-14 所示。

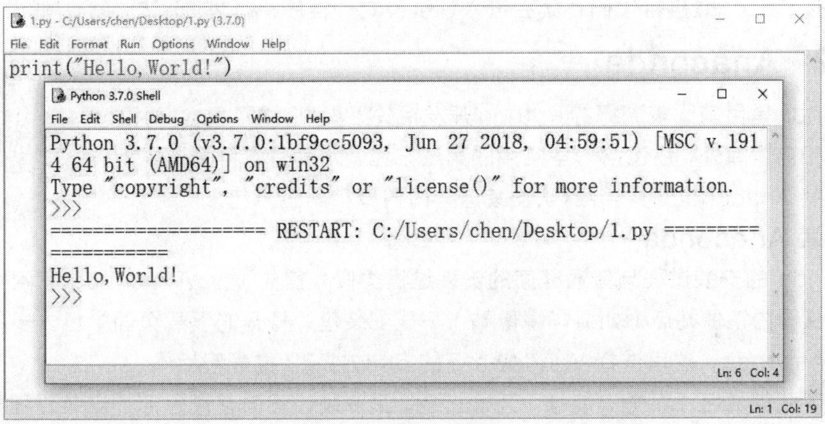

图 1-14　执行代码

　　如果对代码执行的结果有疑问，则可以启动调试模式。调试模式要从交互式窗口的菜单中启动。在交互式窗口中选择"Debug"→"Debugger"选项即可启动调试模式，如图 1-15 所示。

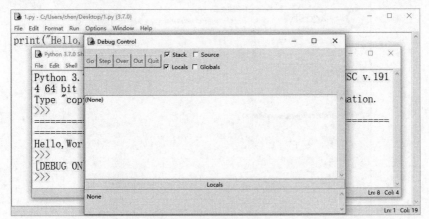

图 1-15　IDLE 调试模式

如果需要在代码中添加断点，则可以在代码编辑窗口中，右击要添加断点的代码行，在弹出的快捷菜单中选择"Set Breakpoint"选项。添加了断点的代码行会自动设置成黄色，如图 1-16 所示。

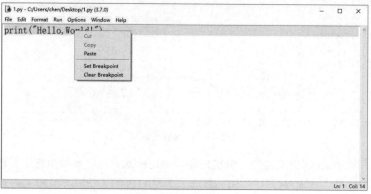

图 1-16　添加断点

这时，按"F5"键执行代码，就会进入调试模式，程序执行到断点处会自动停止。

## 1.2.2　Anaconda

Anaconda 是目前比较流行的 Python 开发相关工具，它除了包含 Python 的执行环境和内置库外，还包含一些常用的第三方包，尤其是与科学计算相关的包。在安装 Anaconda 时，会默认安装这些内置库和第三方包。

Anaconda

### 1.　安装 Anaconda

Anaconda 的安装过程与普通程序的安装过程类似。首先，从 Anaconda 官网中下载安装包，也可以从国内镜像站点（如清华镜像站）下载安装包。打开的下载页面中包含多种平台上不同版本的 Anaconda，这里选择 Windows 下的 64 位或 32 位最新版本。

安装包下载完成后，双击安装包，开始安装。其安装过程与普通程序的安装过程类似，这里只介绍重点步骤。

首先，注意选择为所有用户（All Users）安装 Anaconda，如图 1-17 所示。

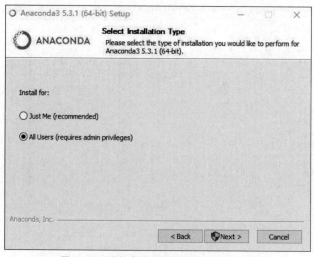

图 1-17　选择为所有用户安装 Anaconda

其次，选择 Anaconda 安装路径。一般是将其放到 C 盘的 ProgramData 目录下，如图 1-18 所示。

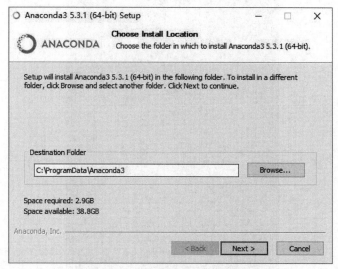

图 1-18　选择 Anaconda 安装路径

对于高级安装选项，第一个复选框是将 Anaconda 添加到系统 PATH 环境变量中。为了不影响其他程序运行，这里默认不勾选，后续可以根据需要修改。第二个复选框是注册 Anaconda 作为系统的 Python 环境给其他 IDE 使用，这里默认勾选，如图 1-19 所示。最后，单击"Install"按钮开始安装。

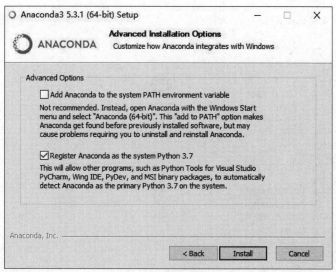

图 1-19　高级安装选项

安装完成后，在系统的"开始"菜单中就可以看到 Anaconda 的安装内容，如图 1-20 所示。其中，"Anaconda Navigator"是主程序；"Anaconda Prompt"是交互的命令行模式，类似 IDLE 的交互模式；"Jupyter Notebook"和"Spyder"是两个常用的 IDE。用户可以从系统的"开始"菜单直接进入需要使用的 IDE，也可以先选择"Anaconda Navigator"选项，再从 Anaconda Navigator 主界面（见图 1-21）中进入需要使用的 IDE。

图 1-20　Anaconda 的安装内容

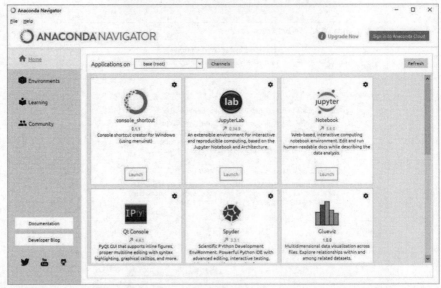

图 1-21　Anaconda Navigator 主界面

### 2. Jupyter Notebook 简介

Jupyter Notebook 是美国 Jupyter 公司开发的一种交互式的 Python 程序编写解析工具。它本质上是一个网页应用，运行于浏览器中，可以直接在网页中编写和运行代码，代码的运行结果直接在代码块下方显示。此外，Jupyter Notebook 中的代码及运行结果，都可以保存为扩展名为.ipynb 的文件，或导出为超文本标记语言（Hypertext Markup Language，HTML）、PDF

等格式，便于保存和分享代码。

　　Jupyter Notebook 有两种安装方式：第一种是在安装 Anaconda 的过程中安装，默认可以自动安装 Jupyter Notebook；第二种是单独进行安装，具体方法请读者参见实训 1.1。

## 1.2.3　PyCharm

PyCharm

　　PyCharm 拥有一套可以提高 Python 开发效率的工具，如调试、语法高亮、项目管理、代码跳转、智能提示、自动完成、单元测试、版本控制等。此外，PyCharm 提供了一些高级功能，用于支持 Django 框架下的专业 Web 开发。简单地说，PyCharm 就是人工智能的便捷语言。

　　PyCharm 的安装过程较为简单。以 Windows 下 PyCharm 的安装为例，首先需要在 PyCharm 官网下载安装包，然后根据需要选择下载专业版本或者社区版本，如图 1-22 所示。若读者是学生，则可以优先选择 Professional 教育版免费使用。

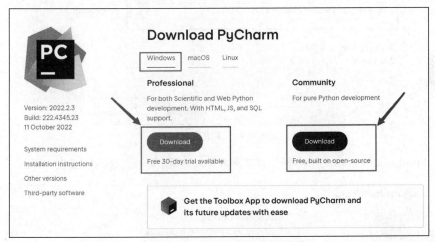

图 1-22　PyCharm 官网下载界面

　　双击下载的 PyCharm 安装包，进入图 1-23 所示的 PyCharm 安装界面，单击"Next"按钮。

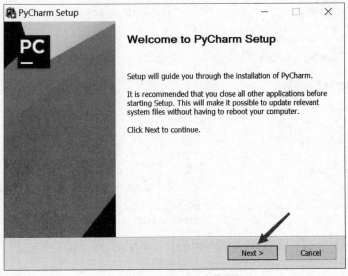

图 1-23　PyCharm 安装界面

在"Choose Install Location"界面中选择安装路径时，可以使用默认路径，也可以单击"Browse..."按钮更改安装路径，选择好安装路径后，单击"Next"按钮，如图 1-24 所示。

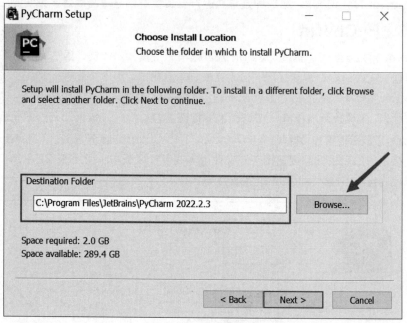

图 1-24　更改安装路径

进入"Installation Options"界面，勾选所有复选框，单击"Next"按钮，如图 1-25 所示。

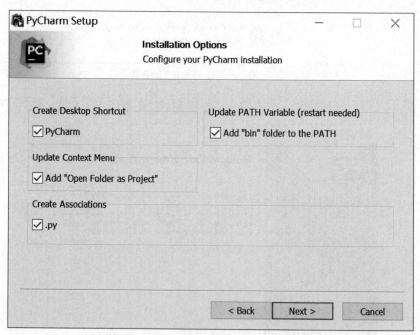

图 1-25　"Installation Options"界面

进入"Choose Start Menu Folder"界面，直接单击"Install"按钮进行安装，如图 1-26 所示。

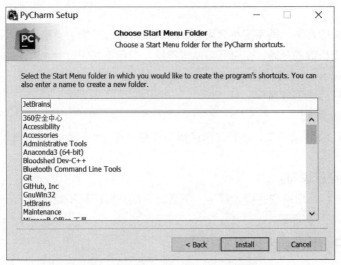

图 1-26 "Choose Start Menu Folder"界面

安装完成后，进入图 1-27 所示的界面，单击"Finish"按钮完成安装。

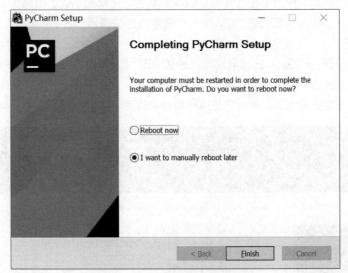

图 1-27 安装完成界面

# 1.3 Python 基础语法

Python 的语法是编写 Python 程序时需要遵循的一些规则，以及一些数据的使用方式或类型等，包括数字数据类型、序列数据类型、函数、循环语句、条件判断语句、类、文件操作语句、模块等。本节将简要介绍 Python 语法特点、编程规范、基本输入输出函数，以及运算符。

## 1.3.1 Python 语法特点

### 1. 行和缩进

Python 采用严格的"缩进"来表明程序的格式框架。缩进是指每一行开

Python 语法特点

始前的空白区域，表示代码之间的包含和层次关系。不需要缩进的代码顶行编写。缩进可以用 Tab 键或 Space 键实现，但两者不能混用。

### 2. 空行

函数之间或类的方法之间用空行分隔，表示一段新代码开始。类和函数入口之间用一个空行分隔，以突出类和函数的开始。但空行与缩进不同，空行不是 Python 语法的一部分。书写代码时不插入空行，Python 解释器的运行不会出错。空行的作用在于分隔两段不同功能或含义的代码，便于代码的日后维护或重构。

### 3. Python 注释

Python 单行注释以#开头，多行注释使用 3 个单引号（''' '''）或 3 个双引号（""" """）开头和结尾。

### 4. Python 标识符

在 Python 中，标识符由字母、数字、下画线组成。标识符不能以数字开头，且 Python 中的标识符对字母大小写敏感。

## 1.3.2 Python 编程规范

### 1. 通用约定

在软件开发项目中，对于不同的编程语言，每个企业或项目组内部都会给定一些常规的编程规范，包括变量的命名、函数的命名、注释的格式、运算符前后的空格定义等，称为通用约定。Python 严格遵守这些通用约定。

Python 编程规范

### 2. PEP 8

除了通用约定外，Python 的编程规范还包括 PEP 8，如图 1-28 所示。PEP 8 是吉多团队在 2001 年 7 月提出的，并于 2013 年 8 月进行了更新。这个提案给出了 Python 发行版中标准库的 Python 代码的编码约定，同时它是所有程序员编写 Python 代码的统一编程规范。

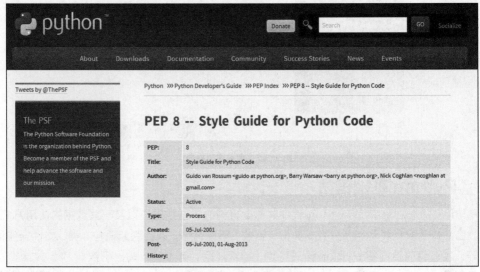

图 1-28　PEP 8 编程规范

PEP 8 定义了九大类详细的要求，包括代码布局、空格的使用、注释、命名规范等。以下仅列举常用的基本要求，供读者参考。

- 使用空格来表示缩进，不使用制表符表示缩进。
- 和语法相关的每一层缩进都用 4 个空格来表示。
- 每行的字符数不应超过 79。

- 采用 ASCII 或 UTF-8 编码文件。
- 对于占据多行的长表达式，除了首行之外，其余各行都应该在首行的缩进级别上加 4 个空格。
- 文件中的函数与类之间应该用两个空行隔开。
- 不要在行尾加分号，也不要用分号将两条命令放在同一行。
- 在同一个类中，各方法之间应该用一个空行隔开。
- 在使用下标来获取列表元素、调用函数或给关键字参数赋值时，不要在下标前后添加空格。
- 为变量赋值时，赋值符号的前后均应添加一个空格。
- 函数、变量及属性应该用小写字母来表示，各单词之间用下画线相连，如 lowercase_underscore。

### 1.3.3　Python 基本输入输出函数

Python 有两个重要的输入输出函数，分别是 input()和 print()。

Python 基本输入
输出函数

#### 1. input()函数

input()函数用于从控制台获取用户的一行输入。无论用户输入什么内容，input()函数都以字符串类型返回结果。input()函数中可以包含一些提示性文字，使用方式如下。

```
<变量> = input (<提示性文字>)
```

代码示例如下。

```
name = input(''请输入你的名字: '')
print(name)
```

运行结果如图 1-29 所示。

```
name = input("请输入你的名字: ")
print(name)
请输入你的名字:
```

图 1-29　input()函数提示性文字示例

注意：input()函数中的提示性文字是可选的。提示性文字对输入内容无影响。在使用 input()函数时，可以不设置提示性文字。

#### 2. print()函数

print()函数用于输出运行结果。根据输出内容的不同，print()函数有 3 种用法。

（1）用于输出字符串

对于字符串，print()函数输出后将去除两侧的双引号或单引号，输出结果是引号内的内容，使用方式如下。

```
print(<待输出字符串>)
```

代码示例如下。

```
print(''张三'')
```

运行结果如图 1-30 所示。

```
print("张三")
```

张三

图 1-30　print()函数输出字符串示例

（2）用于输出一个或多个变量

对于输出多个变量，输出后的各变量值之间用一个空格分隔，使用方式如下。

```
print(<变量1>,…,<变量n>)
```

代码示例如下。

```
name = input("请输入你的名字: ")
gender = input("请输入你的性别: ")
age = input("请输入你的年龄: ")
print(name,gender,age)
```

运行结果如图1-31所示。

请输入你的名字：　张三
请输入你的性别：　男
请输入你的年龄：　18
张三　男　18

图1-31　print()函数输出多个变量示例

（3）用于混合输出字符串与变量

输出字符串模板中采用{}表示一个位置，一个位置对应format()中的一个变量，使用方式如下。

```
print(<输出字符串模板>.format(<变量1>,<变量2>,…,<变量n>))
```

代码示例如下。

```
a,b = 2,3
print('{}和{}的乘积是{}'.format(a,b,a*b))
```

运行结果如图1-32所示。

```
a,b = 2,3
print('{}和{}的乘积是{}'.format(a,b,a*b))
```

2和3的乘积是6

图1-32　print()函数混合输出示例

在输出文本时，print()函数默认会在代码最后添加一个换行符。如果不希望换行，或者希望输出其他内容，则可以对print()函数的end参数进行赋值，使用方式如下。

```
print(<待输出内容>,end= <增加的输出结尾>)
```

代码示例如下。

```
print(''向阳而生'',end= '', '')
print(''我学 Python'')
```

运行结果如图1-33所示。

```
print("向阳而生",end= ", ")
print("我学Python")
```

向阳而生，我学Python

图1-33　print()函数不换行输出示例

运算符

## 1.3.4 运算符

运算符用于对变量和值执行操作。例如，1+2=3，其中 1 和 2 被称为操作数，"+"被称为运算符。

Python 支持的运算符分别是算术运算符、关系运算符、赋值运算符、位运算符、逻辑运算符、成员运算符、身份运算符。

### 1. 运算符介绍

（1）算术运算符

算术运算符是用来处理四则运算的符号。这是最简单、最常用的符号。尤其是对数字的处理，几乎都会用到算术运算符。算术运算符如表 1-1 所示，假设变量 $x=2$，$y=3$。

**表 1-1　算术运算符**

| 运算符 | 描述 | 实例 |
|:---:|---|---|
| + | 加：返回两个数相加的结果 | $x+y$ 的输出结果为 5 |
| - | 减：返回一个数减去另一个数的结果 | $x-y$ 的输出结果为 -1 |
| * | 乘：返回两个数相乘的结果，或者返回一个重复若干次的字符串 | $x*y$ 的输出结果为 6 |
| / | 除：返回 $x$ 除以 $y$ 的结果 | $y/x$ 的输出结果为 1.5 |
| % | 取模：返回被除数除以除数后的余数部分 | $y\%x$ 的输出结果为 1 |
| ** | 幂：返回 $x$ 的 $y$ 次幂 | $x**y$ 的输出结果为 8 |
| // | 取整除：返回商的整数部分（向下取整） | $x//y$ 的输出结果为 0；$y//x$ 的输出结果为 1 |

📖【例 1-1】Python 算术运算符的基本使用。

本例使用表 1-1 中所有的算术运算符输出计算的结果。

```
a = 2
b = 3
print("1.",a+b)
print("2.",a-b)
print("3.",a*b)
print("4.",b/a)
print("5.",b%a)
print("6.",a**b)
print("7.",a//b)
print("8.",b//a)
```

例 1-1 的运行结果如图 1-34 所示。

```
1. 5
2. -1
3. 6
4. 1.5
5. 1
6. 8
7. 0
8. 1
```

图 1-34　算术运算符示例

（2）关系运算符

关系运算符是二元运算符，运算结果是布尔类型。当关系运算符对应的关系表达式成立时，运算结果是 True，否则是 False。关系表达式是由关系运算符连接起来的表达式。关系运算符如表 1-2 所示，假设变量 $x$ =2，$y$ =3。关系运算符返回 1 表示真，返回 0 表示假。这分别与布尔类型的运算结果 True 和 False 等价。

表 1-2　关系运算符

| 运算符 | 描述 | 实例 |
|---|---|---|
| == | 等于：比较两个对象是否相等 | ($x$ == $y$) 返回 False |
| != | 不等于：比较两个对象是否不相等 | ($x$ != $y$) 返回 True |
| > | 大于：返回 $x$ 是否大于 $y$ 的结果 | ($x$ > $y$) 返回 False |
| < | 小于：返回 $x$ 是否小于 $y$ 的结果 | ($x$ < $y$) 返回 True |
| >= | 大于等于：返回 $x$ 是否大于等于 $y$ 的结果 | ($x$ >= $y$) 返回 False |
| <= | 小于等于：返回 $x$ 是否小于等于 $y$ 的结果 | ($x$ <= $y$) 返回 True |

📖【例 1-2】Python 关系运算符的基本使用。

本例使用表 1-2 中所有的关系运算符输出返回的结果。

```
a = 2
b = 3
print("1.",a==b)
print("2.",a!=b)
print("3.",a>b)
print("4.",a<b)
print("5.",a>=b)
print("6.",a<=b)
```

例 1-2 的运行结果如图 1-35 所示。

```
1. False
2. True
3. False
4. True
5. False
6. True
```

图 1-35　关系运算符示例

（3）赋值运算符

赋值运算符是指为变量或常量指定数值的符号。赋值运算符的符号为"="，它是双目运算符，其左边的操作数必须是变量，不能是常量或表达式。赋值运算符如表 1-3 所示。

表 1-3　赋值运算符

| 运算符 | 描述 | 实例 |
|---|---|---|
| = | 简单的赋值运算符 | $z = x + y$ 表示将 $x + y$ 的运算结果赋值给 $z$ |
| += | 加法赋值运算符 | $z += x$ 等价于 $z = z + x$ |
| -= | 减法赋值运算符 | $z -= x$ 等价于 $z = z - x$ |

| 运算符 | 描述 | 实例 |
| --- | --- | --- |
| *= | 乘法赋值运算符 | $z *= x$ 等价于 $z = z * x$ |
| /= | 除法赋值运算符 | $z /= x$ 等价于 $z = z / x$ |
| %= | 取模赋值运算符 | $z \%= x$ 等价于 $z = z \% x$ |
| **= | 幂赋值运算符 | $z **= x$ 等价于 $z = z ** x$ |
| //= | 取整除赋值运算符 | $z //= x$ 等价于 $z = z // x$ |

（4）位运算符

位运算符用来对二进制位进行操作，操作数只能为整型和字符型数据。位运算符如表 1-4 所示，假设变量 $x=20$，$y=30$。

**表 1-4　位运算符**

| 运算符 | 描述 | 实例 |
| --- | --- | --- |
| & | 按位与运算符：如果参与运算的两个值对应二进制位都为 1，则结果为 1，否则为 0 | $(x \& y)$的输出结果为 20 |
| \| | 按位或运算符：只要两个对应的二进制位有一个值为 1，结果就为 1 | $(x \| y)$的输出结果为 30 |
| ^ | 按位异或运算符：当两个对应的二进制位相异时，结果为 1 | $(x \wedge y)$的输出结果为 10 |
| ~ | 按位取反运算符：对数据的每个二进制位取反，即把 1 变为 0，把 0 变为 1。 $\sim x$类似于 $-x-1$ | $(\sim x)$的输出结果为-21 |
| << | 左移动运算符：将参与运算的数据的各二进制位全部左移若干位，<< 右边的数字表示移动的位数，高位丢弃，低位补 0 | $x << 2$ 的输出结果为 80 |
| >> | 右移动运算符：将参与运算的数据的各二进制位全部右移若干位，>> 右边的数字表示移动的位数 | $x >> 2$ 的输出结果为 5 |

📖【例 1-3】位运算符对整型数据的运算。

本例将展示表 1-4 中的位运算符的应用，并输出结果。

```
# 位运算操作：操作数为整型
a=20
b=30
# bin()函数用于将一个整数转换为字符串；返回的字符串包含前缀'0b'，表示这是一个二进制数
# 20 的二进制数为 10100
print("20 的二进制数为: "+bin(a))
# 30 的二进制数为 11110
print("30 的二进制数为: "+bin(b))
# 10100 和 11110 按位与运算结果为 10100，10100 转换为十进制数后即为 20
print(f"{a} & {b}与运算的结果为: {a & b}")
# 10100 和 11110 按位或运算结果为 11110，11110 转换为十进制数后即为 30
print(f"{a} | {b}或运算的结果为: {a | b}")
# 10100 和 11110 按位异或运算结果为 01010，01010 转换为十进制数后即为 10
print(f"{a} ^ {b}异或运算的结果为: {a ^ b}")
# 10100 按位取反运算结果为 01011，01011 转换为十进制数后即为-21
print(f"~{a}按位取反的结果为: {~a}")
```

```
# 10100 左移动 2 位的结果为 1010000，1010000 转换为十进制数后即为 80
print(f"{a}<<2 左移动运算的结果为：{a << 2}")
# 10100 右移动 2 位的结果为 101，101 转换为十进制数后即为 5
print(f"{a}>>2 右移动运算的结果为：{a >> 2}")
```

例 1-3 的运行结果如图 1-36 所示。

```
20的二进制数为：0b10100
30的二进制数为：0b11110
20 & 30与运算的结果为：20
20 | 30或运算的结果为：30
20 ^ 30异或运算的结果为：10
~20按位取反的结果为：-21
20<<2左移动运算的结果为：80
20>>2右移动运算的结果为：5
```

图 1-36　位运算符示例

（5）逻辑运算符

Python 中的逻辑运算符有两种返回值：一种是操作布尔类型的表达式，返回 True 或 False；另一种是操作其他类型的表达式，返回一个指定操作数的值。逻辑运算符如表 1-5 所示，假设变量 $a$ =2，$b$ =3。

表 1-5　逻辑运算符

| 运算符 | 逻辑表达式 | 描述 | 实例 |
|---|---|---|---|
| and | $x$ and $y$ | 布尔"与"：如果 $x$ 为 False，则 $x$ and $y$ 返回 False；否则返回 $y$ 的计算值 | ($a$ and $b$) 返回 3 |
| or | $x$ or $y$ | 布尔"或"：如果 $x$ 非 0，则返回 $x$ 的计算值；否则返回 $y$ 的计算值 | ($a$ or $b$) 返回 2 |
| not | not $x$ | 布尔"非"：如果 $x$ 为 True，则返回 False；如果 $x$ 为 False，则返回 True | not($a$ and $b$) 返回 False |

📖【例 1-4】Python 逻辑运算符的基本使用。

本例依次使用表 1-5 中的逻辑运算符进行判断，并输出对应的结果。

```
a = 2
b = 3

if  a and b :
   print ("1. 变量 a 和 b 都为 True")
else:
   print ("1. 变量 a 和 b 有一个不为 True")

if a or b :
   print ("2. 变量 a 和 b 都为 True，或其中一个变量为 True")
else:
   print ("2. 变量 a 和 b 都不为 True")

# 修改变量 a 的值
a = 0
if a and b :
   print ("3. 变量 a 和 b 都为 True")
```

```
else:
   print ("3. 变量 a 和 b 有一个不为 True")

if  a or b :
   print ("4. 变量 a 和 b 都为 True，或其中一个变量为 True")
else:
   print ("4. 变量 a 和 b 都不为 True")

if not( a and b ):
   print( "5. 变量 a 和 b 都为 False，或其中一个变量为 False")
else:
   print ("5. 变量 a 和 b 都为 True")
```

例 1-4 的运行结果如图 1-37 所示。

1. 变量 **a** 和 **b** 都为 True
2. 变量 **a** 和 **b** 都为 True，或其中一个变量为 True
3. 变量 **a** 和 **b** 有一个不为 True
4. 变量 **a** 和 **b** 都为 True，或其中一个变量为 True
5. 变量 **a** 和 **b** 都为 False，或其中一个变量为 False

图 1-37　逻辑运算符示例

（6）成员运算符

成员运算符用来判断某一个元素是否包含在变量中，这个变量可以是字符串、列表、元组。成员运算符是 in 和 not in。成员运算符如表 1-6 所示，假设变量 $str$ = "hello"，$x$ = "e"，$y$ = 2。

表 1-6　成员运算符

| 运算符 | 描述 | 实例 |
|---|---|---|
| in | 如果在指定的序列中找到值，则返回 True；否则返回 False | $x$ in $str$，返回 True |
| not in | 如果在指定的序列中没有找到值，则返回 True；否则返回 False | $y$ not in $str$，返回 True |

📖 【例 1-5】Python 成员运算符的基本使用。

本例依次使用表 1-6 中的成员运算符进行判断，并输出对应的结果。

```
a = 10
b = 20
list = [1, 2, 3, 4, 5 ];

if ( a in list ):
   print ("1. 变量 a 在给定的 list 中")
else:
   print("1. 变量 a 不在给定的 list 中")

if ( b not in list ):
   print ("2. 变量 b 不在给定的 list 中")
else:
   print ("2. 变量 b 在给定的 list 中")

# 修改变量 a 的值
a = 2
if ( a in list ):
   print ("3. 变量 a 在给定的 list 中")
```

```
else:
    print ("3. 变量 a 不在给定的 list 中")
```

例 1-5 的运行结果如图 1-38 所示。

1. 变量 **a** 不在给定的 **list** 中
2. 变量 **b** 不在给定的 **list** 中
3. 变量 **a** 在给定的 **list** 中

图 1-38　成员运算符示例

（7）身份运算符

身份运算符是 Python 用来判断两个对象的存储单元是否相同的一种运算符号。身份运算符只有 is 和 is not 两个运算符，返回的结果是 True 或者 False。身份运算符如表 1-7 所示。

表 1-7　身份运算符

| 运算符 | 描述 | 实例 |
|---|---|---|
| is | is 用于判断两个标识符是否引用同一个对象 | $x$ is $y$，类似 id($x$) == id($y$)（id()函数用于获取对象内存地址）。如果引用的是同一个对象，则返回 True；否则返回 False |
| is not | is not 用于判断两个标识符是否引用不同对象 | $x$ is not $y$，类似 id($x$) != id($y$)。如果引用的不是同一个对象，则返回 True；否则返回 False |

【例 1-6】Python 身份运算符的基本使用。

本例使用表 1-7 中的身份运算符进行判断，并输出结果。

```
a = 2
b = 2
print("1.",a is b)
print("2.",a is not b)

# 修改变量 b 的值
b = 3
print("3.", a is b)
print("4.", a is not b)
```

例 1-6 的运行结果如图 1-39 所示。

1. True
2. False
3. False
4. True

图 1-39　身份运算符示例

### 2. 运算符优先级

一个表达式可能包含多个数据对象，这些数据对象由不同的运算符连接。当表达式包含多种运算符时，必须按一定顺序进行运算，才能保证运算的合理性和结果的正确性、唯一性。运算符优先级如表 1-8 所示，优先级从上到下依次递减，最上面的运算符具有最高的优先级。

表 1-8 运算符优先级

| 运算符 | 描述 |
|---|---|
| ** | 指数（优先级最高） |
| ~、+、- | 按位翻转、一元加号和减号（最后两个的方法名为 +@ 和 -@，其中@表示某个数） |
| *、/、%、// | 乘、除、取模和取整除 |
| +、- | 加法和减法 |
| >>、<< | 右移、左移运算符 |
| & | 按位与 |
| ^、\| | 按位异或、按位或 |
| <=、<、>、>= | 关系运算符 |
| <>、==、!= | 关系运算符（<>与!=的作用相同，但目前<>不推荐使用） |
| =、%=、/=、//=、-=、+=、*=、**= | 赋值运算符 |
| is、is not | 身份运算符 |
| in、not in | 成员运算符 |
| not、and、or | 逻辑运算符 |

## 技能实训

### 实训 1.1　安装 Jupyter Notebook

[实训背景]

Jupyter Notebook 以网页的形式打开，可以在网页中直接编写和运行代码，运行结果直接在代码块下显示。如果在编程过程中需要编写说明文档，则可以在同一个页面中直接编写，便于及时说明和解释。编程时，Jupyter Notebook 支持语法高亮、缩进、补充功能等。

安装 Jupyter Notebook

如果计算机中已安装 Anaconda，则可以从 Anaconda 的主页进入 Jupyter Notebook。如果计算机中没有安装 Anaconda，则需要单独安装 Jupyter Notebook。

[实训目的]

掌握 Jupyter Notebook 的安装方法。

[核心知识点]

* Python 环境的安装。
* Jupyter Notebook 的配置。

[实现思路]

① 选择合适的 Python 版本。

② 使用安装命令进行安装。

[实现步骤]

（1）在 Windows 中安装 Jupyter Notebook。

Windows 中 Jupyter Notebook 的安装方式很简单。首先需确保安装了 Python 3 环境，然后使用命令"pip install jupyter notebook"进行安装，如图 1-40 所示。

```
C:\Users\ryzhangq>python
Python 3.8.5 (tags/v3.8.5:580fbb0, Jul 20 2020, 15:57:54) [MSC v.1924 64 bit (AMD64)] on win32
Type "help", "copyright", "credits" or "license" for more information.
>>> exit()

C:\Users\ryzhangq>pip install jupyter notebook
Collecting jupyter
  Downloading jupyter-1.0.0-py2.py3-none-any.whl (2.7 kB)
Collecting notebook
  Downloading notebook-6.4.8-py3-none-any.whl (9.9 MB)
                                              | 4.8 MB 252 kB/s eta 0:00:21
```

图 1-40　在 Windows 中安装 Jupyter Notebook（1）

运行此命令后，系统会安装 Jupyter Notebook 及其依赖包，所以需要等待一段时间。当出现 Successfully installed 时，代表安装成功，如图 1-41 所示。

```
Collecting pycparser
  Downloading pycparser-2.21-py2.py3-none-any.whl (118 kB)
                                  118 kB 218 kB/s
Collecting zipp>=3.1.0; python_version < "3.10"
  Downloading zipp-3.7.0-py3-none-any.whl (5.3 kB)
Installing collected packages: entrypoints, webencodings, pyparsing, packaging, six, bleach, defusedxml, pandocfilters,
MarkupSafe, jinja2, pygments, ipython-genutils, traitlets, pywin32, jupyter-core, attrs, pyrsistent, zipp, importlib-res
ources, jsonschema, nbformat, testpath, python-dateutil, nest-asyncio, tornado, pyzmq, jupyter-client, nbclient, jupyter
lab-pygments, mistune, nbconvert, backcall, wcwidth, prompt-toolkit, matplotlib-inline, colorama, executing, asttokens,
pure-eval, stack-data, pickleshare, decorator, parso, jedi, ipython, debugpy, ipykernel, jupyterlab-widgets, prometheus-
client, Send2Trash, pycparser, cffi, argon2-cffi-bindings, argon2-cffi, pywinpty, terminado, notebook, widgetsnbextensio
n, ipywidgets, jupyter-console, qtpy, jupyter
Successfully installed MarkupSafe-2.1.0 Send2Trash-1.8.0 argon2-cffi-21.3.0 argon2-cffi-bindings-21.2.0 asttokens-2.0.5
attrs-21.4.0 backcall-0.2.0 bleach-4.1.0 cffi-1.15.0 colorama-0.4.4 debugpy-1.5.1 decorator-5.1.1 defusedxml-0.7.1 entry
points-0.4 executing-0.8.3 importlib-resources-5.4.0 ipykernel-6.9.1 ipython-8.1.0 ipython-genutils-0.2.0 ipywidgets-7.6
.5 jedi-0.18.1 jinja2-3.0.3 jsonschema-4.4.0 jupyter-1.0.0 jupyter-client-7.1.2 jupyter-console-6.4.0 jupyter-core-4.9.2
jupyterlab-pygments-0.1.2 jupyterlab-widgets-1.0.2 matplotlib-inline-0.1.3 mistune-0.8.4 nbclient-0.5.11 nbconvert-6.4.
2 nbformat-5.1.3 nest-asyncio-1.5.4 notebook-6.4.8 packaging-21.3 pandocfilters-1.5.0 parso-0.8.3 pickleshare-0.7.5 prom
etheus-client-0.13.1 prompt-toolkit-3.0.28 pure-eval-0.2.2 pycparser-2.21 pygments-2.11.2 pyparsing-3.0.7 pyrsistent-0.1
8.1 python-dateutil-2.8.2 pywin32-303 pywinpty-2.0.2 pyzmq-22.3.0 qtconsole-5.2.2 qtpy-2.0.1 six-1.16.0 stack-data-0.2.0
terminado-0.13.1 testpath-0.6.0 tornado-6.1 traitlets-5.1.1 wcwidth-0.2.5 webencodings-0.5.1 widgetsnbextension-3.5.2 z
ipp-3.7.0
```

图 1-41　在 Windows 中安装 Jupyter Notebook（2）

安装成功后，输入命令"jupyter notebook"并运行，如图 1-42 所示。

```
C:\Users\ryzhangq>jupyter notebook
[I 14:43:22.796 NotebookApp] The port 8888 is already in use, trying another port.
[I 14:43:22.797 NotebookApp] Serving notebooks from local directory: C:\Users\ryzhangq
[I 14:43:22.797 NotebookApp] Jupyter Notebook 6.4.8 is running at:
[I 14:43:22.798 NotebookApp] http://localhost:8889/?token=245e7a76d0cf03e9ae808cbcbb304b18738fa41817f17552
[I 14:43:22.798 NotebookApp]  or http://127.0.0.1:8889/?token=245e7a76d0cf03e9ae808cbcbb304b18738fa41817f17552
[I 14:43:22.798 NotebookApp] Use Control-C to stop this server and shut down all kernels (twice to skip confirmation).
[C 14:43:22.857 NotebookApp]

    To access the notebook, open this file in a browser:
        file:///C:/Users/ryzhangq/AppData/Roaming/jupyter/runtime/nbserver-14792-open.html
    Or copy and paste one of these URLs:
        http://localhost:8889/?token=245e7a76d0cf03e9ae808cbcbb304b18738fa41817f17552
     or http://127.0.0.1:8889/?token=245e7a76d0cf03e9ae808cbcbb304b18738fa41817f17552
[I 14:43:39.784 NotebookApp] Kernel started: d1833ad8-c5a9-44b2-aa76-87a7aadec08f, name: python3
[I 14:43:46.741 NotebookApp] Saving file at /03-Python程序设计/2.1 Python基础语法.ipynb
[I 14:43:46.763 NotebookApp] Starting buffering for d1833ad8-c5a9-44b2-aa76-87a7aadec08f:276a250bc5484e1ab0ad635b63b432d
0
```

图 1-42　输入命令"jupyter notebook"并运行

等待一段时间后，浏览器会自动进入 Jupyter Notebook 主页。如果没有进入，则可以将图 1-42 中的链接复制到浏览器中打开。

（2）在 macOS 中安装 Jupyter Notebook。

Jupyter Notebook 在 macOS 中的安装步骤与在 Windows 中的安装步骤类似，首先要确保计算机中有 Python 3 环境，然后使用 pip 命令进行安装。如果计算机中的 pip 版本过低，则可以先按照图 1-43 进行升级。

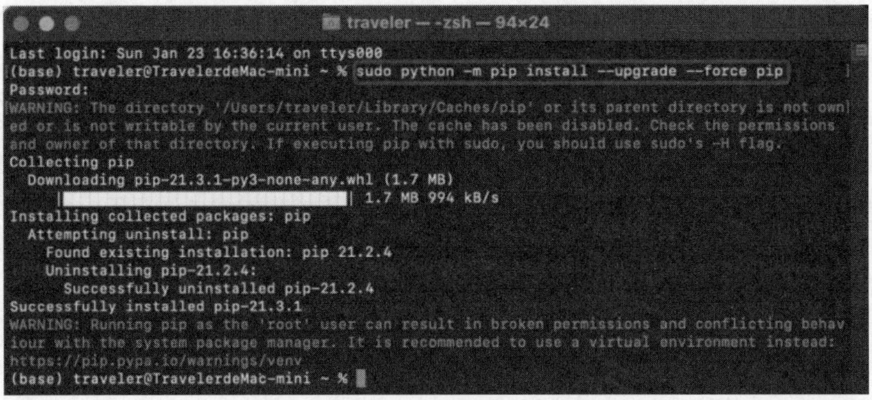

图 1-43　升级 pip

接下来安装 Jupyter Notebook，如图 1-44 所示。

图 1-44　安装 Jupyter Notebook

再使用命令"jupyter notebook"来进入界面，如图 1-45 所示。

图 1-45　进入界面

安装完成后，Jupyter Notebook 的打开方式与 Windows 中 Jupyter Notebook 的打开方式类似。

## 实训 1.2　输出古诗

输出古诗

**[实训背景]**

中国古典诗词是中华民族世代传承的文化瑰宝。诗词中浩然长存的民族正气、爱国爱民的家国情怀、天下为公的道德胸襟、悲天悯人的深沉情感，是诗词传播与传承的重心。

本实训旨在帮助读者熟悉 Python 编程规范与基本输出函数的使用方法，运用 Python 实现输出古诗的操作。

输出内容：

《行路难（其一）》

作者：李白

金樽清酒斗十千，玉盘珍羞直万钱。

停杯投箸不能食，拔剑四顾心茫然。

欲渡黄河冰塞川，将登太行雪满山。

闲来垂钓碧溪上，忽复乘舟梦日边。

行路难！行路难！多歧路，今安在？

长风破浪会有时，直挂云帆济沧海。

**[实训目的]**

① 掌握 Jupyter Notebook 的基本使用方法。

② 掌握 Python 基本输出函数。

**[核心知识点]**

- Jupyter Notebook 基本操作。
- Python 编程规范。
- print()函数。

**[实现思路]**

打开 Jupyter Notebook 并规范编写代码。

**[实现代码]**

实训 1.2 的实现代码如例 1-7 所示。

📖【例 1-7】输出古诗。

本例使用 print()函数输出古诗内容。在本例中，需要注意输出诗句的排版。

```
print("-------《行路难（其一）》-------")
print("-----------作者：李白-----------")
print("金樽清酒斗十千，玉盘珍羞直万钱。")
print("停杯投箸不能食，拔剑四顾心茫然。")
print("欲渡黄河冰塞川，将登太行雪满山。")
print("闲来垂钓碧溪上，忽复乘舟梦日边。")
print("行路难！行路难！多歧路，今安在？")
print("长风破浪会有时，直挂云帆济沧海。")
```

**[运行结果]**

例 1-7 的运行结果如图 1-46 所示。

-------《行路难（其一）》-------
------------作者：李白-----------
金樽清酒斗十千，玉盘珍羞直万钱。
停杯投箸不能食，拔剑四顾心茫然。
欲渡黄河冰塞川，将登太行雪满山。
闲来垂钓碧溪上，忽复乘舟梦日边。
行路难！行路难！多歧路，今安在？
长风破浪会有时，直挂云帆济沧海。

图 1-46　输出古诗

## 实训 1.3　换算学习时间

[实训背景]

换算学习时间

一寸光阴一寸金，时间是非常宝贵的，每个人都要珍惜有限的时间，努力学习，才能有所成就。但是，如果时间的表示单位不同，则人们对时间的概念也会随之改变。

本实训以换算学习时间为例，旨在让读者熟悉时间的计量单位，熟练掌握输入输出函数的使用方法和运算符的基本操作。

[实训目的]

① 掌握输入函数的使用方法。

② 掌握输出函数的使用方法。

③ 掌握运算符的基本操作。

[核心知识点]

• 命名规范。

• 输入输出函数。

• 算术运算符。

[实现思路]

① 用户输入学习时间。

② 根据用户输入的学习时间，按照换算规则依次计算时、分、秒。

③ 使用 print()函数搭配 format()函数输出换算后的时间。

[实现代码]

实训 1.3 的实现代码如例 1-8 所示。

📖【例 1-8】换算时间单位。

假设 4 位学生的学习时间分别为 12478s、3268s、35900s、26744s。编程计算他们的学习时间，以"*XX* 时 *XX* 分 *XX* 秒"的方式表示。例如，100s 表示成 0 时 1 分 40 秒。

```python
student1_time = int(input("1.请输入第一位学生的学习时间: "))
hour_1 = student1_time // 3600
minute_1 = (student1_time % 3600) // 60
second_1 = (student1_time % 3600) % 60
print("第一位学生的学习时间是: {}时{}分{}秒".format(hour_1,minute_1,second_1))

student2_time = int(input("2.请输入第二位学生的学习时间: "))
```

```
hour_2 = student2_time // 3600
minute_2 = (student2_time % 3600) // 60
second_2 = (student2_time % 3600) % 60
print("第二位学生的学习时间是: {}时{}分{}秒".format(hour_2,minute_2,second_2))

student3_time = int(input("3.请输入第三位学生的学习时间: "))
hour_3 = student3_time // 3600
minute_3 = (student3_time % 3600) // 60
second_3 = (student3_time % 3600) % 60
print("第三位学生的学习时间是: {}时{}分{}秒".format(hour_3,minute_3,second_3))

student4_time = int(input("4.请输入第四位学生的学习时间: "))
hour_4 = student4_time // 3600
minute_4 = (student4_time % 3600) // 60
second_4 = (student4_time % 3600) % 60
print("第四位学生的学习时间是: {}时{}分{}秒".format(hour_4,minute_4,second_4))
```

[运行结果]

依次输入学生的学习时间，运行结果如图 1-47 所示。

1.请输入第一位学生的学习时间： 12478
第一位学生的学习时间是：3时27分58秒
2.请输入第二位学生的学习时间： 3268
第二位学生的学习时间是：0时54分28秒
3.请输入第三位学生的学习时间： 35900
第三位学生的学习时间是：9时58分20秒
4.请输入第四位学生的学习时间： 26744
第四位学生的学习时间是：7时25分44秒

图 1-47　换算时间单位的运行结果

## 模块小结

　　本模块概述了Python及其优缺点、Python的起源和版本更新迭代、Python环境搭建、常用开发环境和开发工具、Python语法特点、编程规范、基本输入输出函数和运算符。

　　Python的优点在于具有近乎人类自然语言的代码风格，代码阅读非常容易。Python分为两个系列版本，目前流行的是Python 3.x的版本。

　　（1）在Windows和Linux中都可以使用Python。在Windows中需要安装Python环境；Linux的发行版一般自带Python环境，但有时因版本较旧不能满足要求，需要自行安装。

　　（2）Windows中的Python常用IDE有IDLE、PyCharm、Anaconda、Jupyter Notebook等。

　　（3）Python从语言层面给出了一套编程规范PEP 8，全世界所有使用Python的程序员都遵守同一套编程规范。

## 拓展知识

① Python 2 与 Python 3 的区别：尽管 Python 3 已经普及，但仍然有人在使用 Python 2。了解两者之间的区别，如 print 语句的变化、整数除法等，对于编写兼容性代码非常重要。

② 缩进和空格：Python 对缩进非常敏感，缩进通常使用空格而非制表符（Tab）。混淆或不正确的缩进会导致"IndentationError"。

③ 语句结束：Python 语句通常以换行符结束。

④ 注释：使用单行注释#和块注释'''或"""，但需要避免在代码块内部使用单行注释，以免引起混淆。

## 知识巩固

### 1. 填空题

（1）Python 3 诞生于_____年。

（2）PEP 8 中规定代码每层缩进用____个空格表示，每行字符最多不能超过____个。

（3）从 Python 3.0 开始，整数的类型是_____。

### 2. 简答题

（1）Python 能够完成计算机所能完成的哪些任务？

（2）PEP 8 定义了哪几大类详细的要求？

（3）简述 Linux 操作系统下 Python 环境的几种安装方式。

（4）简述 Windows 操作系统下 Jupyter Notebook 的安装方式。

（5）在 PyCharm 安装完成后是否可以直接执行 Python 代码？如果不能执行 Python 代码，则需要进行哪些配置？

### 3. 操作题

（1）在 Linux 操作系统下，以 64 位的 CentOS 为例，练习两种安装 Python 3 的方法。

（2）练习 Python 常用 IDE 的安装。

## 综合实训

学习编程离不开数学问题。为了更好地学习并巩固本模块的内容，请用所学知识编写实现以下 Python 基础练习的代码。

（1）输入一个数字 $x$，输入表达式 $(x+10)*8/2//3\%10$ 后，对结果求三次幂，输出结果。注意：输入和输出都要有相应提示。

（2）输入两个整型或浮点型数据，任选一个关系运算符进行比较操作。

**[实训考核知识点]**

- 输入输出函数。
- 运算符。

**[实训参考思路]**

① 在输入时将字符串转换为整型或浮点型。

② 根据题目要求，输入输出有相应的提示。

③ 使用运算符进行操作。

**[实训参考运行结果]**

Python 基础练习的参考运行结果如图 1-48 所示。

```
请输入x的值:  1
(x+10)*8/2//3%10的结果为: 4.0
4.0的3次方为: 64.0
请输入x1的值:  3.77
请输入x2的值:  5.6
3.77是否大于5.6: False
```

图 1-48　Python 基础练习的参考运行结果

# 模块2
# Python数据类型

02

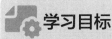
## 学习目标

**知识目标** ———————————————————————————

1. 理解并掌握 Python 的数字数据类型；
2. 理解并掌握 Python 的序列数据类型。

**技能目标** ———————————————————————————

1. 理解字符串的概念，掌握字符串的操作，熟悉字符串的相关函数；
2. 理解集合的概念，掌握集合的操作；
3. 理解列表的概念，掌握列表的操作，熟悉列表的相关函数；
4. 理解元组的概念，掌握元组的操作；
5. 理解字典的概念，掌握字典的操作；
6. 掌握不同数据类型在不同场景下的应用方法。

**素质目标** ———————————————————————————

1. 培养严谨、细致的逻辑思维能力和结构化思维能力；
2. 培养发现问题、分析问题和解决问题的能力。

## 情景引入

在进行实际的编程工作之前，需要储备一些Python基础知识。本模块将详细介绍Python数字数据类型和序列数据类型等相关知识，引导读者快速入门Python编程。

## 知识准备

Python 的基础知识包括 Python 的数字数据类型、序列数据类型、常用流程控制、函数基本概念、常用模块、文件输入/输出（Input/Output，I/O）操作、异常处理等。

## 2.1 数字数据类型

在计算机系统中，所有程序最底层的逻辑都是通过一定的算法来处理各种数据。换句话说，程序本身的功能就是处理数据。当然，这里讨论的并不是复杂的数据结构，而是 Python 自带的基本数据类型，如图 2-1 所示。本节会逐一介绍各种数字数据类型。

整型
(int)

浮点型
(float)

布尔类型
(bool)

复数类型
(complex)

整数，如10、20等

小数，如3.14、
0.618等

真与假，分别用True
和False表示

形如$z=a+bj$，
其中$a$是实部，
$b$是虚部，j是
虚数单位

图 2-1　Python 数字数据类型

## 2.1.1　整型

整型

整型是任何一种编程语言中最基本的数据类型之一，它代表数学中的一切整数，包括正数、零和负数。Python 中的整型支持所有常见的数学运算。例如，以下是常量的直接运算。

```
print(3+4)
print(15-6)
print(2*3)
```

除了常量外，变量也常常作为运算的操作数。变量是程序员定义的一串字符，代表数据。在程序运行期间，变量实际代表一块内存，数据就存储在这块内存中，举例如下。

```
a = 3
b = 4
print(a+b)
```

以上是对两个变量 $a$、$b$ 的求和运算，实际上是对这两个变量所表示的数据 3 和 4 进行求和运算。

在编程语言中使用整型数据时，需要注意数据的范围。在 Python 3 中，整型数据的范围受操作系统位数的限制。例如，在 32 位操作系统中，整型数据的范围是$-2^{31}\sim2^{31}-1$。

默认情况下，整型数据都采用十进制表示；但在用户有特殊需要时，整型数据也可以用其他进制表示。

📖【例 2-1】整数的不同进制的表示。

本例使用不同的进制表示同一个整数。

```
x = 0o173          # 八进制
print(x)           # 123

y=0b01111011       # 二进制
print(y)           # 123

z=0x7B             # 十六进制
print(z)           # 123
```

本例的 $x$、$y$、$z$ 都是同一个十进制整数 123。在默认情况下，十进制数不使用引导符号，二进制数以 0b 为引导符号，八进制数以 0o 为引导符号，十六进制数以 0x 为引导符号。不过，不管用什么方式表示，计算机中的所有数据都以二进制方式存放在内存中。

## 2.1.2　浮点型

浮点型

Python 中的浮点型数据对应数学中的小数，如 3.14、0.618 等。值得注意的是，在数学中相等的两个数（如 5 和 5.0），在 Python 中属于不同的数据类型，前者是整型，后者是浮点型。所以，当在 Python 中尝试定义一个浮点型变量时，必须使用小数。

> 📖【例 2-2】整型和浮点型。
>
> 本例使用 type() 函数返回两个变量的数据类型。
>
> ```
> m = 5
> print(type(m))
> n = 5.0
> print(type(n))
> ```
>
> 例 2-2 的运行结果如图 2-2 所示。
>
> 
>
> ```
> <class 'int'>
> <class 'float'>
> ```
>
> 
>
> 图 2-2　整型和浮点型

在常见的数学运算中，如果操作数中有一个浮点型数据，那么最后的计算结果就是浮点型数据，举例如下。

```
print(3+4+5+3.14+7+8)
# 30.14
print(3+4-5-3.14+7+8)
# 13.86
```

与整型数据一样，浮点型数据也有不同的表示方法。一般地，浮点型数据用类似十进制的形式表示，如 3.14、0.618、365.0 等。此外，浮点型数据还可以用科学记数法表示，即把一个数表示成一个小数与 10 的 $n$ 次幂相乘的形式，举例如下。

```
x=3.14
print(x)   # 3.14

y=0.314e1
print(y)   # 3.14

z=31.4e-1
print(z)   # 3.14
```

在上述代码中，e 代表指数，也可以用大写的 E 表示。

需要注意的是，在计算机系统中，小数也用二进制方式存放在内存中。因为小数的二进制表示会受到机器的限制，转换方式比较复杂，所以会存在与数学上不同的现象，如下列代码所示。

```
a=0.1
b=0.2
print(a+b)   # 0.30000000000000004
```

在这个例子中，小数 0.1 和 0.2 在内存中并不是以绝对的数值存储的，而是以一个非常接近原小数的数值存储的。当 0.1 和 0.2 相加时，得到的值就不是绝对的 0.3，而是一个接近 0.3 的数值。

基于以上原因，在编程语言中，对计算出的浮点数进行判断运算时，不能直接使用"=="运算符，而要判断一个有效范围，举例如下。

```
a=0.1
b=0.2
c=0.3
print(a+b==c)               # False
print(abs(a+b-c)<0.000001)  # True
```

当判断 $a$ 与 $b$ 的和是否等于 $c$ 时，会返回 False 的结果。因此，正确的做法是判断 $a+b$ 与 $c$ 的差是不是在一个很小的范围内，如果是，则认为这两个值相等。

### 2.1.3 布尔类型和复数类型

布尔类型和复数类型

在 Python 中，布尔类型的值称为布尔值，布尔值有真（True）与假（False）。布尔值的运算包括与（and）、或（or）、非（not）3 种。运算规则如例 2-3 所示。

📖【例 2-3】布尔值的运算规则。

本例使用布尔值进行与、或、非 3 种运算，演示布尔值的运算规则。

```
a=True
b=False
print(a and a)     #True
print(a or a)      #True
print(not a)       #False
print(b and b)     #False
print(b or b)      #False
print(not b)       #True
print(a and b)     #False
print(a or b)      #True
```

例 2-3 的运行结果如图 2-3 所示。

```
True
True
False
False
False
True
False
True
```

图 2-3　布尔值的运算规则

复数类型的数据代表数学中的复数，也可以看作组合的数据类型。复数类型的数据可以表示为 $a+bj$。其中，$a$ 是实部，$b$ 是虚部，j 是虚数单位。实部和虚部都可以用整数或小数表示，如 3+4j 或 3.14-0.5j。j 也可以写成大写字母 J。当访问一个复数类型的数据时，可以分别用 real 和 imag 获取其实部和虚部。

📖【例 2-4】分解复数类型。

本例使用 real 和 imag 分别获取变量 $x$ 的实部和虚部。

```
x=12-3.14J
print(x.real)    # 12.0
print(x.imag)    # -3.14
```

例 2-4 的运行结果如图 2-4 所示。可以发现，实部和虚部都是浮点型的数据。

```
12.0
-3.14
```

图 2-4　分解复数类型

## 2.2　序列数据类型

除了整型、浮点型、布尔类型、复数类型这 4 种数字数据类型外，Python 还包含序列数据类型。序列是指一块用于存放多个值的连续内存空间。Python 的序列数据类型主要包括字符串、集合、列表、元组、字典等，如图 2-5 所示。

| 字符串<br>(string) | 集合<br>(set) | 列表<br>(list) | 元组<br>(tuple) | 字典<br>(dict) |
| --- | --- | --- | --- | --- |
| 一串字符，如"HelloWorld" | 无序的不重复元素序列，如{a,b} | 任意对象的有序集合，用中括号[]表示，如['app',2] | 任意对象的有序集合，用圆括号()表示，如('app',2) | 任意对象的无序集合，使用键-值(key-value)进行存储，如{'name':'张三'} |

图 2-5  Python 序列数据类型

## 2.2.1  字符串

字符串

在 Python 中，用英文引号标识的一串字符就是字符串类型数据。引号有 4 种形式，分别是单引号、双引号、三重单引号、三重双引号。创建字符串很简单，为变量分配一个值即可，以"HelloWorld"为例，具体如下。

```
a = 'HelloWorld'
b = "HelloWorld"
c = '''HelloWorld'''
d = """HelloWorld"""
```

📖【例 2-5】字符串不同的表示形式。

本例依次输出 a、b、c、d 这 4 个变量所代表的字符串的 id。虽然形式不同，但是这 4 个变量均指向同一个对象。

```
a = 'HelloWorld'
b = "HelloWorld"
c = '''HelloWorld'''
d = """HelloWorld"""
print(id(a))  # 1736573135280
print(id(b))  # 1736573135280
print(id(c))  # 1736573135280
print(id(d))  # 1736573135280
```

例 2-5 的运行结果如图 2-6 所示。

1736573135280
1736573135280
1736573135280
1736573135280

图 2-6  字符串不同的表示形式

在例 2-5 中的 4 种字符串表示形式中，变量 a 和 b 使用的单引号和双引号属于同一类，都表示普通的字符串；而变量 c 和 d 使用的三重引号可以用于包含换行符在内的特殊字符串。

```
x="""Hello
World"""
```

Python 不支持单字符类型，单字符在 Python 中作为字符串使用。

Python 访问子字符串时，可以使用方括号[ ]来截取字符串。截取字符串的语法如下。

变量[头下标:尾下标]

索引值以 0 为开始值，-1 为从末端的开始位置。

【例2-6】访问字符串中的值。

本例将依次访问字符串中的子字符串，包含单个值和单个片段。

```python
var1 = 'Hello World!'
var2 = "Runoob"
print("var1[0]: ", var1[0])
print("var2[1:5]: ", var2[1:5])
```

例2-6的运行结果如图2-7所示。

```
var1[0]:  H
var2[1:5]:  unoo
```

图2-7 访问字符串中的值

## 2.2.2 集合

集合是一个无序的具有不重复元素的序列。可以使用花括号{}或者 set()函数创建集合。注意：创建一个空集合必须用 set()函数而不能用{}，因为{}是用来创建空字典的。

创建集合的语法如下。

集合

```python
value = {value_1,value_2,…,value_n}
```

或者

```python
set(value)
```

【例2-7】集合的基本使用方法。

本例将展示集合的几种基本使用方法，包括集合的去重功能、判断元素是否在集合内，以及集合间的运算。

```python
basket={'apple', 'orange', 'apple', 'pear', 'orange', 'banana'}
# 去重功能
print(basket) # {'apple', 'orange', 'pear', 'banana'}

# 判断元素是否在集合内
print('orange' in basket)      # True
print('crabgrass' in basket)   # False

# 两个集合间的运算
a=set('abracadabra')
b=set('alacazam')
print(a)  # {'b', 'c', 'r', 'd', 'a'}

# 集合a中包含但集合b中不包含的元素
print(a - b)  # {'b', 'd', 'r'}

# 集合a或b中包含的所有元素
print(a | b)  # {'z', 'b', 'c', 'l', 'm', 'r', 'd', 'a'}

# 集合a和b中都包含的元素
print(a & b)  # {'c', 'a'}

# 不同时包含于a和b的元素
print(a ^ b)  # {'z', 'b', 'r', 'd', 'l', 'm'}
```

例2-7的运行结果如图2-8所示。

```
{'apple', 'orange', 'pear', 'banana'}
True
False
{'b', 'c', 'r', 'd', 'a'}
{'b', 'd', 'r'}
{'z', 'b', 'c', 'l', 'm', 'r', 'd', 'a'}
{'c', 'a'}
{'z', 'b', 'r', 'd', 'l', 'm'}
```

图 2-8 集合的基本使用方法

### 2.2.3 列表

列表

列表是一种常见的 Python 序列数据类型，用[ ]表示。列表中的元素可以具有不同的数据类型。程序员可以通过序号访问列表中的元素。Python 提供了内置的列表类型方法供程序员调用。

📖【例 2-8】列表的基本使用方法。

本例将展示列表的基本使用方法，包括增加元素、删除元素、插入元素、定位元素、元素排序等。

```python
# 定义一个包含 4 个元素的列表
lst = ['China', 'Russia', 'USA', 'UK']

# 在列表尾部增加一个元素
lst.append('France')
print(lst)   # ['China', 'Russia', 'USA', 'UK', 'France']

# 删除列表中的一个特定元素
lst.remove('USA')
print(lst)   # ['China', 'Russia', 'UK', 'France']

# 在给定的位置插入一个元素
lst.insert(3, 'USA')
print(lst)   # ['China', 'Russia', 'UK', 'USA', 'France']

# 确定一个元素在列表中的位置
print(lst.index('UK'))   # 2

# 按照默认的字母顺序对元素进行排序
lst.sort()
print(lst)   # ['China', 'France', 'Russia', 'UK', 'USA']
```

例 2-8 的运行结果如图 2-9 所示。

```
['China', 'Russia', 'USA', 'UK', 'France']
['China', 'Russia', 'UK', 'France']
['China', 'Russia', 'UK', 'USA', 'France']
2
['China', 'France', 'Russia', 'UK', 'USA']
```

图 2-9 列表的基本使用方法

在 Python 中，列表除了有上述基本使用方法外，还有一些特殊的使用方法可以提高程序的灵活性，如例 2-9 所示。

【例 2-9】列表的便捷操作。

本例将展示列表的便捷操作，包含反向索引、切片操作等。

```python
# 定义一个包含不同数据类型的列表
new_lst = ['Tom', '17050120', 18, 'Boy']
print(new_lst[2])        # 18

# 通过反向索引访问元素
print(new_lst[-3])       # 17050120
new_lst.append('Jiangsu')
print(new_lst)           # ['Tom', '17050120', 18, 'Boy', 'Jiangsu']
print(len(new_lst))      # 5

# 列表的切片操作
print(new_lst[0:3])      # ['Tom', '17050120', 18]
print(new_lst[3:])       # ['Boy', 'Jiangsu']
```

例 2-9 的运行结果如图 2-10 所示。

```
18
17050120
['Tom', '17050120', 18, 'Boy', 'Jiangsu']
5
['Tom', '17050120', 18]
['Boy', 'Jiangsu']
```

图 2-10　列表的便捷操作

因为列表是 Python 的一种序列数据类型，所以列表具有序列数据类型的一些共有方法，如例 2-10 所示。

【例 2-10】列表的序列方法。

本例将展示列表具有序列数据类型的一些共有方法，包括获取列表长度、获取列表中的最大（小）值、排序（升序/降序）、求和等。

```python
lst=[1,4,3,6,9,0,2]

# 获取列表长度
print(len(lst))      # 7

# 获取列表中的最大值
print(max(lst))      # 9

# 获取列表中的最小值
print(min(lst))      # 0

# 对列表按升序排序
lst = sorted(lst)
print(lst)           # [0, 1, 2, 3, 4, 6, 9]

# 对列表按降序排序
lst = sorted(lst, reverse=True)
print(lst)           # [9, 6, 4, 3, 2, 1, 0]

# 对列表值进行求和
print(sum(lst))      # 25
```

例 2-10 的运行结果如图 2-11 所示。

```
            7
            9
            0
            [0, 1, 2, 3, 4, 6, 9]
            [9, 6, 4, 3, 2, 1, 0]
            25
```

图 2-11　列表的序列方法

值得注意的是，在进行上面这些数值相关的计算时，如果列表中存在非数值类型的元素，则解释器会报错。

### 2.2.4　元组

元组也是一种常见的 Python 序列数据类型。与列表一样，元组中的元素也可以通过序号进行访问。但是，元组和列表又有不同。首先，元组使用圆括号( )表示，列表使用方括号[ ]表示。其次，元组中的元素是不可以修改的，元

元组

组的长度也是不可以改变的；列表的长度和元素都是可以改变的。下面的程序直观地展示了元组的长度和元素不可更改的特性。

```
country_lst = ('China', 'Russia', 'USA', 'UK', 'France')
print(country_lst[2])
# USA
country_lst.append('Japan')
Traceback (most recent call last):
  File "<pyshell#2>", line 1, in <module>
    country_lst.append('Japan')
AttributeError: 'tuple' object has no attribute 'append'
>>> country_lst[2]= 'India'
Traceback (most recent call last):
  File "<pyshell#3>", line 1, in <module>
    country_lst[2]= 'India'
TypeError: 'tuple' object does not support item assignment
```

在上面的程序中，在元组末尾添加"Japan"后，程序会报错；将元组下标为 2 的元素"USA"修改为"India"后，程序也会报错。这充分说明了元组的长度和元素不可更改的特性。正是因为具有这种特性，元组经常被用在函数的参数中。在很多情况下，用户希望传给函数的参数在函数执行期间不被修改，使用元组就能实现这个效果。

📖【例 2-11】元组在函数参数中的使用。

本例将展示元组在函数参数中的使用。函数名为 func，参数为 countries，要求输出参数的类型，并将输入参数的各个元素逐个输出。在调用函数 func()时，函数的输入为元组 country_lst。

```
country_lst = ('China', 'Russia', 'USA', 'UK', 'France')
def func(countries):
    print(type(countries))
    for country in countries:
        print(country)
func(country_lst)
```

例 2-11 的运行结果如图 2-12 所示。

```
            <class 'tuple'>
            China
            Russia
            USA
            UK
            France
```

图 2-12　元组在函数参数中的使用

此外，还有一点需要注意：当元组中只有一个元素时，必须使用逗号区分元组和数字数据类型，如例 2-12 所示。

📖【例 2-12】区分元组和数字数据类型。

本例将展示只有一个元素的对象在使用逗号和不使用逗号时数据类型的区别。

```
a=(3.14,)
b=(3.14)
print(type(a))   # <class 'tuple'>
print(type(b))   # <class 'float'>
```

例 2-12 的运行结果如图 2-13 所示。当元素使用逗号时，对象的数据类型是元组；当元素不使用逗号时，对象的数据类型是浮点型。

<class 'tuple'>
<class 'float'>

图 2-13　区分元组和数字数据类型

除了声明时使用的括号不同及元素不可改变外，元组在其他方面与列表类似。例如，两者都可以使用 min()和 max()函数求最小值和最大值，都可以使用 sum()函数求和，都可以使用 len()函数求长度等。

字典

### 2.2.5　字典

字典是现代高级编程语言中常见的一种高效数据类型。它并不是一种单纯的数据类型，而是一种组合的数据结构。它把一个数据从形式上分成键和值两部分，键代表这个数据的实际意义，值代表数据本身，这样的数据元素被称为键值对。在一个字典对象中，可以存储 0 个或多个键值对；而在一个键值对中，值可以是另一个键值对。举例如下。

```
dict_stu1 = {'name': 'Jack', 'sex': 'male', 'age':20}
dict_stu2 = {'name': 'Rose', 'sex': 'female', 'age':20, 'score':{'math':90,
'english':88}}
```

在这个例子中，dict_stu1 包含 3 项数据，用 3 个键值对表示；dict_stu2 包含 4 项数据，用 4 个键值对表示，同时，在 dict_stu2 的第 4 个键值对中，值又是一个字典，它包含两个键值对。

📖【例 2-13】字典的常用操作。

本例将展示字典的常用操作，包括访问数据、增加数据、删除数据、判断数据是否在字典中、清空数据等。

```
dict_stu1 = {'name': 'Jack', 'sex': 'male', 'age':20}
dict_stu2 = {'name': 'Rose', 'sex': 'female', 'age':20, 'score':{'math':90,
'english':88}}
# 通过键直接访问字典中的某一项数据
print(dict_stu1['age'])
# 20
print(dict_stu2['score'])
# {'math': 90, 'english': 88}

# 直接给字典增加一项新的数据
dict_stu1['score']={'math':92, 'english':98}
print(dict_stu1)
# {'name': 'Jack', 'sex': 'male', 'age': 20, 'score': {'math': 92, 'english': 98}}

# 删除字典中一个指定的数据
```

```
del dict_stu2['age']
print(dict_stu2)
# {'name': 'Rose', 'sex': 'female', 'score': {'math': 90, 'english': 88}}

# 删除字典中一个指定的元素并返回对应的值
print(dict_stu2.pop('sex'))
# female
print(dict_stu2)
# {'name': 'Rose', 'score': {'math': 90, 'english': 88}}

# 判断一项数据是否在字典中
print('name' in dict_stu2)
# True
print('sex' in dict_stu2)
# False

# 清空字典中的所有数据
dict_stu1.clear()
print(dict_stu1)
# {}
```

例 2-13 的运行结果如图 2-14 所示。

```
20
{'math': 90, 'english': 88}
{'name': 'Jack', 'sex': 'male', 'age': 20, 'score': {'math': 92, 'english': 98}}
{'name': 'Rose', 'sex': 'female', 'score': {'math': 90, 'english': 88}}
female
{'name': 'Rose', 'score': {'math': 90, 'english': 88}}
True
False
{}
```

图 2-14　字典的常用操作

 **技能实训**

### 实训 2.1　计算三角形面积

**[实训背景]**

众所周知，计算机拥有超强的计算能力，能够给用户带来便捷的体验。当使用计算机执行具体的项目时，需要将项目公式化，转换为计算机能够理解的语言，计算机才能计算出用户想要的答案。

本实训以计算三角形面积为例，旨在让学生熟练掌握不同数字数据类型的基本使用方法。

计算三角形面积

**[实训目的]**

掌握数字数据类型的基本使用方法。

**[核心知识点]**

- 整型。
- 浮点型。
- 布尔类型。

**[实现思路]**

① 用户输入三角形的边长。

② 使用三角形面积公式计算其面积。

③ 输出三角形的面积。

④ 使用直角三角形判断公式判断三角形是否为直角三角形。

⑤ 输出判断结果。

**[实现代码]**

📖【例2-14】计算三角形面积。

现有两个3条边长分别为 3、4、5和5、6、7的三角形，分别求其面积，并判断其是否为直角三角形。

```python
a = int(input('1.请输入第一条边长: '))
b = int(input('1.请输入第二条边长: '))
c = int(input('1.请输入第三条边长: '))
s = (a + b + c) / 2
area = (s * (s - a) * (s - b) * (s - c)) ** 0.5
print('1.三角形的面积为: ',area) # 6.0
is_right_triangle = a ** 2 + b ** 2 == c ** 2 or a ** 2 + c ** 2 == b ** 2 or b ** 2 + c ** 2 == a ** 2
print(is_right_triangle) # True 表示该三角形是直角三角形

a = int(input('2.请输入第一条边长: '))
b = int(input('2.请输入第二条边长: '))
c = int(input('2.请输入第三条边长: '))
s = (a + b + c) / 2
area = (s * (s - a) * (s - b) * (s - c)) ** 0.5
print("2.三角形的面积为:",area)
is_right_triangle = a ** 2 + b ** 2 == c ** 2 or a ** 2 + c ** 2 == b ** 2 or b ** 2 + c ** 2 == a ** 2
print(is_right_triangle) # False
```

**[运行结果]**

先后输入三角形的边长3、4、5和5、6、7。例2-14的运行结果如图2-15所示。

```
1.请输入第一条边长: 3
1.请输入第二条边长: 4
1.请输入第三条边长: 5
1.三角形的面积为: 6.0
True
2.请输入第一条边长: 5
2.请输入第二条边长: 6
2.请输入第三条边长: 7
2.三角形的面积为: 14.696938456699069
False
```

图2-15 计算三角形面积的运行结果

## 实训2.2 模拟水果店的电子菜单

**[实训背景]**

近年来，随着科技和网络的发展，越来越多的商家开始使用电子菜单为顾客点单。电子菜单有利于增删改查的操作，方便顾客及时查看菜单，随时下单，不仅可以降低服务行业的人工成本，还可以减少顾客等待时间、提高顾客满意度。

模拟水果店的电子菜单

本实训简单模拟水果店的电子菜单，对电子菜单做出相应的修改，旨在加深学生对列表、字符串、集合、元组与字典等相关知识的理解和使用。

[实训目的]

掌握序列数据类型的基本使用方法。

[核心知识点]

- 列表。
- 字符串。
- 集合。
- 元组。
- 字典。

[实现思路]

① 使用列表处理水果种类。

② 使用字符串、集合、元组、字典整理水果种类。

[实现代码]

📖【例2-15】模拟水果店的电子菜单。

水果列表 fruits 包含'apple'、'banana'、'orange'、'watermelon'等元素,请用代码实现以下功能。

① 将元素输入 fruits 中。

② 将 'apple' 改成 'grape'。

③ 将列表中的 'banana' 删除。

④ 向列表中添加 'grape'。

⑤ 输出列表的长度。

⑥ 将所有项用一个字符串连接起来,中间用逗号隔开,同时保证每个单词的首字母大写。

⑦ 创建一个集合 fruits_set = set(),将 fruits 中的元素添加到 fruits_set 中,并输出 fruits_set 的长度。

⑧ 创建一个元组 fruits_tuple = tuple(),将 fruits 中的元素添加到 fruits_tuple 中,并输出 fruits_tuple 的长度。

⑨ 创建一个字典 fruits_dict = {},将 fruits 中的元素按照键值对的形式添加到 fruits_dict 中。

```python
#① 将元素输入 fruits 中
fruits = [x for x in input().split()]
#fruits = ['apple', 'banana', 'orange', 'watermelon']
print(fruits) # ['apple', 'banana', 'orange', 'watermelon']

#② 将 'apple' 改成 'grape'
fruits[0] = 'grape'
print(fruits) # ['grape', 'banana', 'orange', 'watermelon']

#③ 将列表中的'banana'删除
fruits.remove('banana')
print(fruits) # ['grape', 'orange', 'watermelon']

#④ 向列表中添加 'grape'
fruits.append('grape')
print(fruits) # ['grape', 'orange', 'watermelon', 'grape']
```

```
#⑤ 输出列表的长度
print(len(fruits)) # 4

#⑥ 将所有项用一个字符串连接起来，中间用逗号隔开，同时保证每个单词的首字母大写
fruits_str = fruits[0].title() + ',' + fruits[1].title() + ',' +
fruits[2].title() + ',' + fruits[3].title()
print(fruits_str) # Grape,Orange,Watermelon,Grape

#⑦ 创建一个集合，将 fruits 中的元素添加到该集合中，并输出该集合的长度
fruits_set = set()
fruits_set.add(fruits[0])
fruits_set.add(fruits[1])
fruits_set.add(fruits[2])
fruits_set.add(fruits[3])
print(fruits_set) # {'orange', 'watermelon', 'grape'}
print(len(fruits_set)) # 3

#⑧ 创建一个元组，将 fruits 中的元素添加到该元组中，并输出该元组的长度
fruits_tuple = tuple()
fruits_tuple = (fruits[0], fruits[1], fruits[2], fruits[3])
print(fruits_tuple) # ('grape', 'orange', 'watermelon', 'grape')
print(len(fruits_tuple)) # 4

#⑨ 创建一个字典，将 fruits 中的元素按照键值对的形式添加到字典中
fruits_dict = {}
fruits_dict[0] = fruits[0]
fruits_dict[1] = fruits[1]
fruits_dict[2] = fruits[2]
fruits_dict[3] = fruits[3]
print(fruits_dict) # {0: 'grape', 1: 'orange', 2: 'watermelon', 3: 'grape'}
```

[运行结果]

例 2-15 的运行结果如图 2-16 所示。

```
['apple', 'banana', 'orange', 'watermelon']
['grape', 'banana', 'orange', 'watermelon']
['grape', 'orange', 'watermelon']
['grape', 'orange', 'watermelon', 'grape']
4
Grape,Orange,Watermelon,Grape
{'orange', 'watermelon', 'grape'}
3
('grape', 'orange', 'watermelon', 'grape')
4
{0: 'grape', 1: 'orange', 2: 'watermelon', 3: 'grape'}
```

图 2-16　模拟水果店的电子菜单的运行结果

## 模块小结

本模块详细介绍了Python的数据类型，包括整型、浮点型、布尔类型、复数类型这4种数字数据类型和字符串、集合、列表、元组、字典这5种序列数据类型。

## 拓展知识

列表、元组、字典的区别如下。

① 列表是有序、可变序列，支持索引、切片、合并、删除等操作。列表较灵活，序列的功能都能实现。

② 元组是有序、不可变序列，不支持修改操作。元组比列表的操作速度快，可作为字典的键使用。

③ 字典是通过关键字索引的对象的集合，使用键值对进行存储；查找速度快；字典是无序的；字典存储的是对象引用，不是对象的副本；字典的键不能变，所以列表不能作为字典的键。

## 知识巩固

**简答题**

（1）Python 中有哪些数字数据类型？

（2）布尔类型常用的场景有哪些？

（3）Python 中字符串的符号有哪几种？

（4）常用的列表函数有哪些？

（5）列表与元组之间的区别及联系是什么？

（6）如何获取字典中所有的键？

（7）Python 的字符串类型有哪几种表示形式？

（8）一个列表 lst 的内容是['China', 'UK', 'France', 'Russia', 'USA']，要访问它的第 4 个元素，可以使用哪些方式？

（9）在整型、浮点型、字符串、列表中，哪些类型可以作为字典的键？请说明原因。

## 综合实训

学生信息处理：现有一个列表，其中包含 3 位学生的信息，每位学生的信息用一个元组存储，具体如下。

- students = [(), (), ()]。
- 列表内的元组中的元素依次为姓名、年龄、性别、成绩、学号。

请用代码实现以下功能。

（1）输出第二位学生的年龄。

（2）输出第一位学生的姓名并判断其是否姓张。

（3）计算 3 位学生的平均成绩。

（4）用集合的方式判断班级中是否有女生。

（5）以学号为键，以学生信息为值，创建一个字典。

[实训考核知识点]

- 布尔类型。

- 列表和元组的综合应用。

- 集合。

- 字典。

[实训参考规则]

性别用布尔类型表示，True 代表男，False 代表女。

[实训参考思路]

① 在列表中使用嵌套元组实现学生信息的存储。

② 使用集合筛选所需数据。

[实训参考运行结果]

学生信息处理的参考运行结果如图 2-17 所示。

```
19
张三
True
99.0
True
{1: ('张三', 18, True, 100, 1), 2: ('李四', 19, False, 99.5, 2), 3: ('王五', 20, True, 97.5, 3)}
```

图 2-17　学生信息处理的参考运行结果

# 模块3
# Python流程控制

03

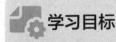 学习目标

**知识目标**

1. 理解顺序结构、分支结构、循环结构这 3 种流程控制结构；
2. 理解单分支语句、双分支语句、多分支语句的基本语法；
3. 理解 for 循环、while 循环的基本语法。

**技能目标**

1. 掌握 if 语句、if...else 语句、if...elif...else 语句的使用方法；
2. 掌握分支嵌套的使用方法；
3. 掌握 for 循环、while 循环的使用方法；
4. 掌握循环嵌套的使用方法；
5. 能够根据需求综合运用分支结构和循环结构。

**素质目标**

1. 培养民族自豪感和文化认同感；
2. 培养对编程的兴趣和热情，养成终身学习的习惯。

## 情景引入

计算机程序能够模拟人类完成某个任务的过程。在现实生活中，人类完成一个任务的过程通常比较复杂，不仅需要处理常规的流水线工作，还需要应对各种突发情况。工作场景不同，完成任务的过程也不相同。因此，如果要规划计算机程序的执行过程，则需要对程序进行流程控制。

## 知识准备

Python 程序主要有顺序结构、分支结构、循环结构这 3 种流程控制结构。顺序结构按照从上到下的顺序执行代码，实现简单，容易理解，此处不赘述。本模块将重点介绍分支结构和循环结构。

## 3.1　分支结构

分支结构也称为选择结构，是编程语言中最基本的流程控制结构之一。在 Python 中，分支结构的语句类型主要包括单分支语句、双分支语句、多分支语句 3 种。

分支结构

### 3.1.1　单分支语句

单分支语句是最简单的条件语句，其使用一个分支语句对特殊情况进行处理。单分支语句使用 if 语句实现，其基本语法如下。

```
if 判断条件：
    代码段
```

在单分支语句中，判断条件既可以是布尔值，又可以是比较判断条件、逻辑判断条件等。代码段的前面一定要有缩进，并且每一行的缩进都应保持一致，这样才能与 if 语句产生关联。图 3-1 所示为单分支语句的执行流程。如果判断条件为真（True），则执行代码段；如果判断条件为假（False），则跳过代码段。

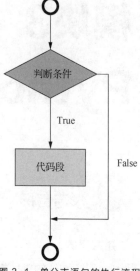

图 3-1　单分支语句的执行流程

📖【例 3-1】if 语句的使用方法。

本例以体温检测小程序为例，展示 if 语句的使用方法。当程序检测到输入的体温数值后，如果体温大于 37.2 ℃，则程序会提示用户及时就医。该程序使用单分支语句对特殊情况进行处理。

```
print('欢迎使用体温检测小程序')
print('----------------------')
temperature = eval(input('请输入体温: '))
# if 语句的使用方法
if temperature > 37.2:
    print('请及时就医! ')
print('谢谢使用! ')
print('----------------------')
```

当输入的体温数值分别是 38 和 36 时，例 3-1 的运行结果如图 3-2 所示。

```
欢迎使用体温检测小程序
----------------------
请输入体温:  38
请及时就医!
谢谢使用!
----------------------
```
▶ 表达式为真时输出的结果

```
欢迎使用体温检测小程序

请输入体温:  36
谢谢使用!
----------------------
```
▶ 表达式为假时输出的结果

图 3-2　if 语句的使用方法

### 3.1.2　双分支语句

双分支语句是在单分支语句的基础上，加入判断条件为假时的处理语句。双分支语句不仅能够对正常情况进行处理，还能够对特殊情况进行处理。双分支语句使用 if...else 语句实现，其基本语法如下。

```
if 判断条件：
    代码段 1
else：
    代码段 2
```

图 3-3 所示为双分支语句的执行流程。如果判断条件为真（True），则执行代码段 1；否则，执行代码段 2。

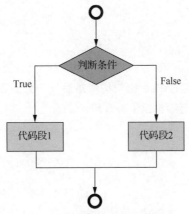

图 3-3　双分支语句的执行流程

📖【例 3-2】if...else 语句的使用方法。

本例仍然以体温检测小程序为例，展示双分支语句的使用方法。通过 if...else 语句，分别对体温异常和正常的人群做出不同的提示。

```
print('欢迎使用体温检测小程序')
print('----------------------')
temperature = eval(input('请输入体温: '))
# if...else 语句的使用方法
if temperature > 37.2:
    print('请及时就医! ')
else:
    print('体温正常')
print('谢谢使用! ')
print('----------------------')
```

当输入的体温数值分别是 38 和 36 时，例 3-2 的运行结果如图 3-4 所示。

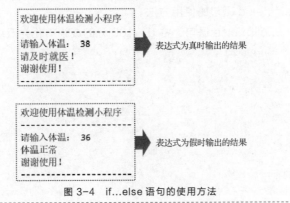

图 3-4　if...else 语句的使用方法

### 3.1.3 多分支语句

多分支语句是在双分支语句的基础上，对各种情况进一步细分。多分支语句使用 if...elif...else 语句实现，其基本语法如下。

```
if 判断条件 1:
    代码段 1
elif 判断条件 2:
    代码段 2
elif 判断条件 3:
    代码段 3
...
else:
    代码段 n
```

从上面的语法可以看出，if 语句和判断条件 1 构成一个分支语句，elif 语句和判断条件 2、判断条件 3 等构成其他分支语句，else 语句构成最后一个分支语句。值得注意的是，else 语句不是必需的。多分支语句的执行流程如图 3-5 所示。

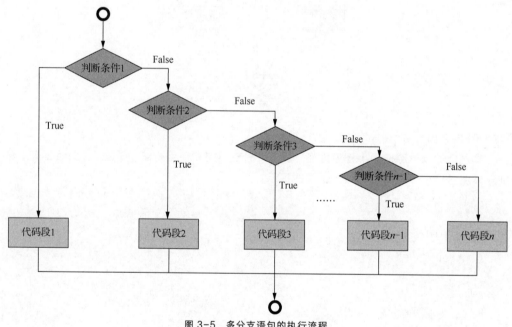

图 3-5 多分支语句的执行流程

📖【例 3-3】if...elif...else 语句的使用方法。

本例通过使用 if...elif...else 语句，将 0～100 分的成绩转化为五级制评分。

```
score = float(input('请输入成绩: '))

if(score<0 or score>100):
    print('输入的内容不合法')
elif(score>=90):
    print('优秀')
elif(score>=80 and score<90):
    print('良好')
elif(score>=70 and score<80):
    print('中等')
elif(score>=60 and score<70):
```

```
        print('及格')
else:
        print('不及格')
print('谢谢使用！')
```

当输入成绩为 50 时，例 3-3 的运行结果如图 3-6 所示。

请输入成绩： 50
不及格
谢谢使用！

图 3-6    if…elif…else 语句的使用方法

53

### 3.1.4　分支嵌套

分支结构可以嵌套使用，其基本语法如下。

```
if 判断条件 1:
    代码段 1
    if 判断条件 2:
        代码段 2
    代码段 3
...
```

分支嵌套的执行流程如图 3-7 所示。在执行分支嵌套时，判断条件 1 为外层判断条件，如果为真，则执行代码段 1。再对内层判断条件（判断条件 2）进行判断，如果为真，则执行代码段 2；否则跳出内层分支结构。跳出内层分支结构后，继续执行代码段 3。如果判断条件 1 为假，则跳过代码段 1、代码段 2 和代码段 3，继续执行后续程序。

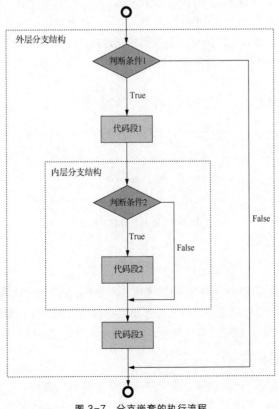

图 3-7　分支嵌套的执行流程

📖【例 3-4】体脂率检测小程序。

本例使用分支嵌套计算体脂率。体脂率是人体脂肪重量占人体总体重的比例，反映了人体脂肪含量。根据体脂率，可以判断人体体形。男性的正常体脂率为 15%～18%，女性的正常体脂率为 25%～28%。

```python
print('------欢迎来到体脂率检测小程序------')
sex = int(input("请输入性别（男为1，女为0）:"))
age = int(input("请输入年龄:"))
height = float(input("请输入身高（单位：m）: "))
weight = float(input("请输入体重（单位：kg）:"))
BMI = weight/(height*height)
rate = 1.2*BMI+0.23*age-5.4-10.8*sex
print('您的体脂率为: ',round(rate,1))
# 使用分支嵌套进行判断
if(sex == 1):
    if(rate < 15):
        print('您的体形偏瘦')
    elif(rate >= 15 and rate <= 18):
        print('您的体形正常')
    else:
        print('您的体形偏胖')
if(sex == 0):
    if(rate <25):
        print('您的体形偏瘦')
    elif(rate >= 25 and rate <= 28):
        print('您的体形正常')
    else:
        print('您的体形偏胖')
```

在本例中，程序首先获取用户输入的性别、年龄、身高、体重 4 个参数，根据公式计算体脂率，然后使用分支嵌套判断体形。在双重分支嵌套中，首先通过外层嵌套判断性别，然后在内层嵌套中，根据体脂率判断体形。外层嵌套用 if 语句实现，内层嵌套用 if...elif...else 语句实现。

当用户输入基本信息后，例 3-4 的运行结果如图 3-8 所示。

```
------欢迎来到体脂率检测小程序------
请输入性别（男为1，女为0）: 1
请输入年龄: 25
请输入身高（单位: m）: 1.8
请输入体重（单位: kg）: 75
您的体脂率为: 17.3
您的体形正常
```

图 3-8  体脂率检测小程序

## 3.2  循环结构

循环结构是计算机编程语言中一种常用的流程控制结构，也是一种计算机程序相对人类更加擅长的流程处理结构。循环结构最大的特点是能够重复执行类似的工作，直到满足停止条件。在 Python 中，循环语句有两种，分别是 for 循环和 while 循环。

### 3.2.1  for 循环

for 循环也称遍历循环、计次循环，是一种依次重复执行的循环，可以用于数值循环和遍历字符串、列表等序列。for 循环由关键字 for 和 in 组成，其

for 循环

基本语法如下。

```
for 循环变量 in 对象:
    循环体
```

其中，循环变量表示每次循环所获取的元素，对象指的是待遍历或迭代的对象，循环体即执行语句，可以是一条语句或一个代码段。注意，循环体前面应保持相同的缩进，一般为 2 个空格。for 循环的执行逻辑是每次从对象中取出一个值，并把该值赋给循环变量，然后用这个循环变量执行一次循环体中的语句或代码段。当对象中的所有元素都放入循环变量，且已执行完循环体操作时，退出循环，程序结束。for 循环的执行流程如图 3-9 所示。

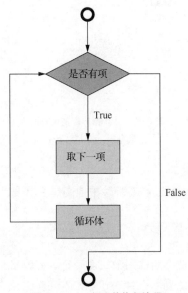

图 3-9  for 循环的执行流程

for 循环的经典用法是数值循环，通常将 for 循环和 range()函数搭配使用。for 循环也可以用于遍历字符串、列表等序列，如例 3-5 所示。

📖【例 3-5】for 循环的使用方法。

本例使用 for 循环分别进行 1～10 的数值累加、遍历字符串'HelloWorld'和遍历列表['春','夏','秋','冬']。

```
print('for 循环的使用方法')
thesum=0
print('------1-数值循环------')
for i in range(1,11):
    thesum=thesum+i
print('1 到 10 的累加=',thesum)

print('------2-遍历字符串------')
for chr in 'HelloWorld':
    print(chr.upper())

print('------3-遍历列表------')
text = ['春','夏','秋','冬']
for i in text:
    print(i)
```

例 3-5 的运行结果如图 3-10 所示。

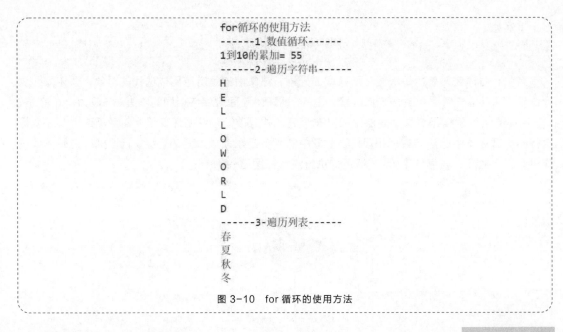

for循环的使用方法
------1-数值循环------
1到10的累加= 55
------2-遍历字符串------
H
E
L
L
O
W
O
R
L
D
------3-遍历列表------
春
夏
秋
冬

图 3-10  for 循环的使用方法

## 3.2.2  while 循环

while 循环也称为条件循环，通过判断条件来控制是否需要反复执行循环体中的语句。其基本语法如下。

while 循环

```
while 判断条件：
    循环体
```

for 循环的循环次数由 in 关键字后的对象长度确定。在 while 循环中，没有确定的循环次数。循环是否继续由 while 关键字后的判断条件决定。如果判断结果为真，则继续执行循环；如果判断结果为假，则执行 while 循环后面的语句。while 循环的执行流程如图 3-11 所示。

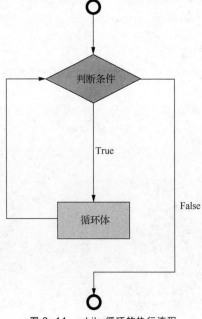

图 3-11  while 循环的执行流程

📖【例 3-6】使用 while 循环计算平均值。

　　本例使用 while 循环来计算输入数字的平均值。首先，判断用户输入的数字是否为空。如果不为空，则执行 while 循环的循环体，对输入的数字进行累加求和，同时对输入数字的个数进行累加求和。如果输入的数字为空，则结束 while 循环，输出已输入数字的个数和平均值。

```python
sum = 0.0
count = 0

xStr = input('输入一个数（空值表示结束)')
while xStr != '':
    x = float(xStr)
    sum = sum + x
    count = count + 1
    xStr = input('输入一个数（空值表示结束)')
print('共输入了',count,'个数')
print('所有数的平均值是: ', sum / count)
```

　　具体来说，首先初始化变量 *sum* 和 *count*，*sum* 用于记录输入数字的累加和，*count* 用于记录数字个数。在每次循环前，获取用户的一个输入，得到变量 *xStr*。其次判断变量 *xStr* 是否为空，如果不为空，则计算 *sum*，并统计数字个数 *count*，再获取用户的下一个输入，并继续进行是否循环的逻辑判断，直到用户输入一个空值，循环结束，输出数字个数并计算平均值。

　　例 3-6 的运行结果如图 3-12 所示。

```
输入一个数（空值表示结束) 22
输入一个数（空值表示结束) 26
输入一个数（空值表示结束) 32
输入一个数（空值表示结束) 38
输入一个数（空值表示结束)
共输入了 4 个数
所有数的平均值是: 29.5
```

图 3-12　使用 while 循环计算平均值

## 3.2.3　循环嵌套

　　循环结构可以嵌套使用，可以是两个或多个 for 循环嵌套、两个或多个 while 循环嵌套，也可以是 while 循环和 for 循环相互嵌套，还可以结合使用循环结构和分支结构。

循环嵌套

📖【例 3-7】输出乘法口诀。

　　本例使用两层 for 循环嵌套输出乘法口诀。乘法口诀由 9 行和 9 列组成，数字为 1～9。为了实现快速输出，可以使用外层 for 循环控制行，内层 for 循环控制列。

```python
# 外层 for 循环控制行
for i in range(1,10):
    # 内层 for 循环控制列
    for j in range(1,i+1):
        print(j,'*',i,'=',j*i,'\t',end='')
    # 换行
    print('\n')
```

　　例 3-7 的运行结果如图 3-13 所示。代码运行流程如图 3-14 所示。

```
1 * 1 = 1
1 * 2 = 2    2 * 2 = 4
1 * 3 = 3    2 * 3 = 6    3 * 3 = 9
1 * 4 = 4    2 * 4 = 8    3 * 4 = 12   4 * 4 = 16
1 * 5 = 5    2 * 5 = 10   3 * 5 = 15   4 * 5 = 20   5 * 5 = 25
1 * 6 = 6    2 * 6 = 12   3 * 6 = 18   4 * 6 = 24   5 * 6 = 30   6 * 6 = 36
1 * 7 = 7    2 * 7 = 14   3 * 7 = 21   4 * 7 = 28   5 * 7 = 35   6 * 7 = 42   7 * 7 = 49
1 * 8 = 8    2 * 8 = 16   3 * 8 = 24   4 * 8 = 32   5 * 8 = 40   6 * 8 = 48   7 * 8 = 56   8 * 8 = 64
1 * 9 = 9    2 * 9 = 18   3 * 9 = 27   4 * 9 = 36   5 * 9 = 45   6 * 9 = 54   7 * 9 = 63   8 * 9 = 72   9 * 9 = 81
```

图 3-13　输出乘法口诀

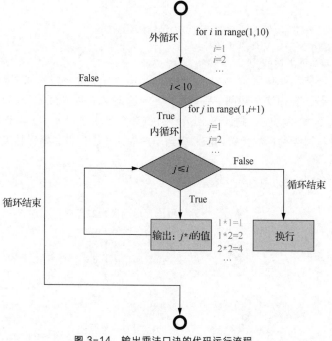

图 3-14　输出乘法口诀的代码运行流程

## 3.2.4　流程跳转

流程跳转

在计算机编程语言中，break 语句和 continue 语句常用于流程跳转，并且通常用于循环结构。break 语句用于立即结束整个循环，并执行循环体后面的代码；continue 语句用于结束当前循环，并执行下一次循环。

📖【例 3-8】break 语句的使用方法。

本例将展示 break 语句的使用方法。当 $i$=4 时，使用 break 语句结束整个循环。

```python
n = 10
sum = 0
for i in range(1,11):
    if i==4:
        # 使用 break 语句结束整个循环
        break
    print(i)
    sum = sum + i
print('所有数的和值是: ', sum)
```

【例 3-9】continue 语句的使用方法。

本例将展示 continue 语句的使用方法。当 $i=4$ 时，使用 continue 语句结束当前循环。

```
n = 10
sum = 0
for i in range(1,11):
    if  i==4:
        # 使用 continue 语句结束当前循环
        continue
    print(i)
    sum = sum + i
print('所有数的和值是: ', sum)
```

在例 3-8 和例 3-9 的两段代码中，除了 break 语句和 continue 语句不一样外，其他完全一样，运行结果如图 3-15 所示。其中，break 语句使程序在 $i=4$ 时结束了整个循环，$sum$ 只计算前面 3 个数 1、2、3 的和，即 $sum$ 为 6；continue 语句使程序只退出 $i=4$ 时的循环，继续执行 $i=5$ 及以后的循环，因此，$sum$ 计算 1、2、3、5、6、7、8、9、10 的和，即 $sum$ 为 51。

```
1
2
3
所有数的和值是:  6
```
（a）例 3-8 的运行结果

```
1
2
3
5
6
7
8
9
10
所有数的和值是:  51
```
（b）例 3-9 的运行结果

图 3-15 例 3-8 和例 3-9 的运行结果

## 技能实训

### 实训 3.1 菜名查询小程序

[实训背景]

菜名查询小程序

我国的四大菜系是指四川菜、广东菜、山东菜、江苏菜。四川菜，又称川菜，始于秦汉，在宋代形成流派，菜品风格朴实清新，具有浓厚的乡土气息。广东菜，又称粤菜，由广州菜、潮州菜、东江菜三大流派组成，菜品注重求新。山东菜，又称鲁菜，是历史悠久、考验厨师功力的菜系。江苏菜，又称苏菜，十分讲究刀工，尤以瓜雕享誉四方。本实训以查询菜名为例，旨在让学生熟练掌握多分支语句和分支嵌套的使用方法。

[实训目的]

① 掌握分支结构的使用方法。

② 掌握分支嵌套的应用场景和基本用法。

[核心知识点]

• 分支结构。

- 分支嵌套。

[实现思路]

① 用户输入菜系。

② 根据用户输入的菜系，进入不同的分支。

③ 采用分支嵌套，让用户输入口味。

④ 根据用户输入的口味，输出菜名。

**60**

[实现代码]

实训 3.1 的实现代码如例 3-10 所示。

📖【例 3-10】菜名查询小程序。

本例包含两层分支嵌套。外层分支嵌套用于选择菜系，使用多分支语句 if...elif...else 实现。可选的菜系包括四川菜、广东菜、山东菜、江苏菜等。内层分支嵌套用于选择各菜系下的具体口味，使用多分支语句 if...elif...else 实现。例如，四川菜的口味有麻辣、鱼香和其他；广东菜的口味有红烧、鲜香和其他；山东菜的口味有咸鲜、清淡和其他等。

```python
print('------欢迎来到菜名查询小程序------')
food = int(input('请输入您选择的菜系(四川菜-1,广东菜-2,山东菜-3,江苏菜-4,其他-请输入其他数字):'))
if(food == 1):
    flavor1 = int(input('请输入您的口味(麻辣-1,鱼香-2,其他-请输入其他数字):'))
    list_ml = ['干烧岩鲤','宫保鸡丁','樟茶鸭子','麻婆豆腐','毛肚火锅']
    list_yx = ['鱼香肉丝']
    if(flavor1 == 1):
        print('麻辣口味的四川菜有: ',list_ml)
    elif(flavor1 == 2):
        print('鱼香口味的四川菜有: ',list_yx)
    else:
        print('其他口味的四川菜有: 开水白菜、清蒸江团')
elif(food == 2):
    flavor2 = int(input('请输入您的口味(红烧-1,鲜香-2,其他-请输入其他数字):'))
    list_hs = ['红烧大群翅','烧乳猪']
    list_xx1 = ['蛇羹','清汤鱼肚','生蒸龙虾','冬瓜燕窝']
    if(flavor2 == 1):
        print('红烧口味的广东菜有: ',list_hs)
    elif(flavor2 == 2):
        print('鲜香口味的广东菜有: ',list_xx1)
    else:
        print('其他口味的广东菜有: 东江盐焗鸡、白云猪手、油泡虾仁')
elif(food == 3):
    flavor3 = int(input('请输入您的口味(咸鲜-1,清淡-2,其他-请输入其他数字):'))
    list_xx2 = ['扒原壳鲍鱼','葱烧海参']
    list_qd = ['奶汤蒲菜']
    if(flavor3 == 1):
        print('咸鲜口味的山东菜有: ',list_xx2)
    elif(flavor3 == 2):
        print('清淡口味的山东菜有: ',list_qd)
    else:
        print('其他口味的山东菜有: 油爆鸡丁')
elif(food == 4):
    print('江苏菜的菜肴有:清炖蟹粉狮子头、大煮干丝、三套鸭、水晶肴肉、荷包鲫鱼、美人肝、松鼠鳜鱼、梁溪脆鳝、沛公狗肉等')
```

```
else:
    print('您输入的非四大菜系，为您打印其他菜系：')
    print('浙江菜的菜肴有：西湖醋鱼、东坡肉、龙井虾仁、叫化童鸡、清蒸鲥鱼等')
    print('福建菜的菜肴有：醉糟鸡、糟汁川海蚌、佛跳墙、炒西施舌、东璧龙珠等')
    print('湖南菜的菜肴有：东安子鸡、祖庵鱼翅、龟羊汤、五元神仙鸡、冰糖湘莲等')
    print('安徽菜的菜肴有：清炖马蹄鳖、火腿炖甲鱼、腌鲜鳜鱼、无为熏鸭、符离集烧鸡等')
```

[运行结果]

输入"3（山东菜）—>2（清淡）"，实训 3.1 的运行结果如图 3-16 所示。

```
------欢迎来到菜名查询小程序------
请输入您选择的菜系(四川菜-1,广东菜-2,山东菜-3,江苏菜-4,其他-请输入其他数字)：3
请输入您的口味(咸鲜-1,清淡-2,其他-请输入其他数字)：2
清淡口味的山东菜有：['奶汤蒲菜']
```

图 3-16　菜名查询小程序

## 实训 3.2　聊天机器人

聊天机器人

[实训背景]

近年来，随着人工智能技术的发展，涌现出很多聊天机器人。特别是在服务领域，聊天机器人可以替代客服的部分工作，不仅可以降低服务行业的人工成本，还可以减少用户等待时间、提升用户满意度。本实训模拟聊天机器人的运行，旨在加深学生对循环结构、循环嵌套等相关知识的理解和使用。

[实训目的]

① 掌握循环结构和循环嵌套的使用方法。

② 掌握循环结构和分支结构结合的使用方法。

[核心知识点]

- 循环结构。

- 循环嵌套。

- 循环结构和分支结构结合的使用方法。

- break 语句的使用方法。

[实现思路]

① 使用循环结构判断是否继续聊天。

② 使用分支结构判断聊天内容，并进行聊天。

[实现代码]

实训 3.2 的实现代码如例 3-11 所示。

📖【例 3-11】聊天机器人。

本例介绍 while 循环和 if...elif...else 多分支语句的综合使用。while 循环用于控制是否继续聊天，if...elif...else 多分支语句用于根据用户输入判断聊天内容，并给出相应的回答。

```
while(True):
    print('----------------欢迎来和"小器"聊天----------------')
    button = int(input('请输入您的选择（0 退出 1 聊天）：'))
    while button < 0 or button > 1:
```

```
        print('您输入的内容不合法')
        button = int(input('请输入您的选择（0 退出 1 聊天）: '))
# 当条件为真时，退出循环
if button == 0:
    print('----------------------谢谢使用! ----------------------')
    break

# 当条件为假时，开始聊天
print('你好! ')
name = input('你叫什么名字呀? \n')
print('哦，你好，', name )
question = input()
while question.find('再见') == -1:
    if question.find('几岁')!= -1 or question.find('多大') != -1 :
        print('我也不知道，可能会有几百岁了，哈哈! ')
    elif question.find('名字')!= -1:
        print("我叫小器，是一个机器人! ")
    else:
        print('你说什么，我不懂!')
    question = input()
print('再见，欢迎再来找我玩! ')
```

本例中，首先，使用 while 循环获取用户的输入。如果输入不是 0 和 1，则输入不合法，用户需继续输入，直到输入为合法的 0 和 1，此时，退出 while 循环。

其次，使用 if 语句判断用户输入是否为 0。如果为 0，则使用 break 语句结束整个循环，退出程序；否则开始聊天。

再次，程序获取用户名字，并使用 while 循环和 if...elif...else 多分支语句进行嵌套，与用户聊天。

最后，如果捕捉到用户的输入中有'再见'两个字，则结束 while 循环，退出程序。

[运行结果]

实训 3.2 的运行结果如图 3-17 所示。

```
----------------欢迎来和"小器"聊天----------------
请输入您的选择（0退出 1聊天）: 1
你好!
你叫什么名字呀?
 zs
哦，你好， zs
 你叫什么名字
我叫小器，是一个机器人!
 你多大了
我也不知道，可能会有几百岁了，哈哈!
 再见
再见，欢迎再来找我玩!
----------------欢迎来和"小器"聊天----------------
请输入您的选择（0退出 1聊天）: 0
----------------------谢谢使用! ----------------------
```

图 3-17　聊天机器人

## 模块小结

本模块详细讲解了Python的流程控制，主要介绍了分支结构和循环结构。在分支结构中，对单分支语句、双分支语句、多分支语句和分支嵌套进行了详细介绍；在循环结构中，对for循环、while循环、循环嵌套、流程跳转进行了详细介绍。本模块的核心知识总结如下。

（1）单分支语句使用一条分支语句对特殊情况进行处理，使用if语句实现。

（2）双分支语句除了对正常情况进行处理外，还要对特殊情况进行处理，使用if...else语句实现。

（3）多分支语句是在双分支语句的基础上，对各种情况进行进一步细分，使用if...elif...else语句实现。

（4）for循环也称为遍历循环、计次循环，是一种依次重复执行的循环，可用于数值循环和遍历字符串、列表等序列。for循环由关键字for和in组成。

（5）while循环也称为条件循环，其通过判断条件来确定是否需要反复执行循环体中的语句。

（6）break语句用于立即结束整个循环，continue语句用于结束当前循环。

## 拓展知识

在 for 循环中，可以使用 enumerate()函数进行序列遍历。enumerate()函数用于将一个可遍历的数据对象组合成一个索引序列，同时列出数据和数据下标。enumerate()函数的基本语法如下。

```
enumerate(sequence, [start=0])
```

其中，sequence 用于指定一个序列、迭代器或其他支持迭代的对象；start 是可选项，用于指定数据下标的起始位置，默认为 0。

【例 3-12】for 循环和 enumerate()函数的联合使用方法。

本例联合使用 for 循环和 enumerate()函数，输出唐诗《凉州词·其一》的各个分句和索引。

```
list_poetry = ['黄河远上白云间','一片孤城万仞山','羌笛何须怨杨柳','春风不度玉门关']
# 默认索引从 0 开始
for index, item in enumerate(list_poetry):
    print(index, item)
print('------------------------')
# 指定索引从 1 开始
for index, item in enumerate(list_poetry,start=1):
    print(index, item)
```

例 3-12 的运行结果如图 3-18 所示。上半部分是使用默认索引从 0 开始的运行结果，下半部分是指定索引从 1 开始的运行结果。

```
0 黄河远上白云间
1 一片孤城万仞山
2 羌笛何须怨杨柳
3 春风不度玉门关
-----------------------
1 黄河远上白云间
2 一片孤城万仞山
3 羌笛何须怨杨柳
4 春风不度玉门关
```

图 3-18　for 循环和 enumerate()函数的联合使用方法

# 知识巩固

## 1. 选择题

（1）关于 Python 中的分支结构，描述错误的是（　　　）。

    A. 双分支语句使用 if...else 语句表达

    B. 多分支语句使用 if...elseif...else 语句表达

    C. Python 中分支结构的语句类型分为单分支语句、双分支语句和多分支语句

    D. 分支结构也称为选择结构，对应现实生活中的选择问题

（2）下列代码的输出结果是（　　　）。

```
thesum=0
for i in range(10):
    thesum=thesum+i
print(thesum)
```

    A. 10　　　　　　　　B. 15　　　　　　　　C. 45　　　　　　　　D. 55

（3）Python 中用来告知解释器跳过当前循环中的剩余语句，并继续进行下一轮循环的关键词是（　　　）。

    A. return　　　　　B. break　　　　　　C. continue　　　　D. if

## 2. 简答题

（1）分别阐述单分支语句、双分支语句、多分支语句的执行过程。

（2）分别阐述 while 循环、for 循环的执行过程。

# 综合实训

    剪刀石头布也叫猜拳游戏，是一个古老而简单的游戏。游戏的主要规则是石头胜剪刀，剪刀胜布，布胜石头。请结合游戏规则设计一个猜拳游戏。

[实训考核知识点]

- 分支结构。
- 循环结构。

[实训参考规则]

① 玩家输入剪刀、石头或布。

② 计算机随机输出剪刀、石头或布。

③ 对比玩家输入和计算机输出，得出胜负情况。

[实训参考思路]

① 使用循环结构控制是否继续游戏。

② 使用分支结构进行结果比对。

[实训参考运行结果]

猜拳游戏的参考运行结果如图 3-19 所示。

```
-----------欢迎光临"剪刀石头布"游戏------------
请输入您的选择（0退出 1玩游戏）：1
请输入（0剪刀 1石头 2布）：0
您出的是剪刀
计算机出的是石头
您输了
-----------欢迎光临"剪刀石头布"游戏------------
请输入您的选择（0退出 1玩游戏）：1
请输入（0剪刀 1石头 2布）：2
您出的是布
计算机出的是剪刀
您输了
-----------欢迎光临"剪刀石头布"游戏------------
请输入您的选择（0退出 1玩游戏）：2
您输入的内容不合法
请输入您的选择（0退出 1玩游戏）：0
**************谢谢使用**************
```

图 3-19 猜拳游戏的参考运行结果

# 模块4

# 04

# Python函数与模块

 **学习目标**

**知识目标**

1. 掌握函数的概念、作用、定义和调用方法；
2. 掌握 Python 的函数参数；
3. 理解函数的变量作用域；
4. 掌握 global 和 nonlocal 关键字的用法；
5. 掌握匿名函数、高阶函数、闭包函数、偏函数、递归函数的用法；
6. 理解模块、包、库的概念和区别；
7. 掌握自定义模块的方法；
8. 掌握常用的 Python 内置模块。

**技能目标**

1. 能够正确定义和调用函数；
2. 能够正确使用关键字参数、可变长参数、可变关键字参数；
3. 能够正确使用匿名函数、高阶函数、闭包函数、偏函数和递归函数；
4. 能够自定义模块；
5. 能够正确使用 time 模块、random 模块和 turtle 模块。

**素质目标**

1. 培养勇于创新的科学精神；
2. 培养分析问题的能力和评估问题解决方案的能力。

 **情景引入**

在计算机编程语言中，函数是指具有一定功能的代码块，需要时可以直接使用；模块是为完成某一功能编写的一段程序或子程序。因此，如果想要更好地优化代码，则需要使用函数或模块。

 **知识准备**

Python 的程序由包、模块和函数等组成。包是用于完成特定任务的工具箱。Python 提供许多有用的包，能够完成字符串处理、制作图形用户接口、制作 Web 应用、图像处理等工作。使用 Python 自带的包，可以提高程序开发效率，减少编程复杂度，实现代码复用，此处不赘述。本模块将重点介绍函数和模块。

## 4.1 函数

在计算机编程语言中，函数是一段具有特定功能的代码。这段代码有一个名称，并使用一个特定的关键字标识。在 Python 中，这个关键字就是"def"。因此，使用 def 标识的代码就是函数的定义语句。

### 4.1.1 函数的概念和作用

函数相当于具备某种功能的工具。函数的定义相当于事先准备好工具的过程；函数的调用相当于在应用场景中利用工具。

函数的概念和作用

#### 1. 函数的概念

函数是组织好的、可重复使用的、用来实现单一或相关功能的代码段。

函数能提高应用的模块性和代码的重复利用率。Python 提供了许多内置函数，如 print()、input()等。同时，Python 支持用户创建函数，即用户自定义函数。

#### 2. 函数的作用

（1）使用函数可以解决代码冗余。

（2）封装函数能够保护内部数据。

（3）函数能够提高程序的可读性，使得程序模块化。

（4）函数能够提高程序的可维护性和可扩展性。

### 4.1.2 函数的定义和调用

使用函数必须遵循"先定义，后调用"的原则。函数的定义相当于事先将函数体代码保存起来，然后将内存地址赋值给函数名，函数名就是对这段代码的引用，这和变量的定义是相似的。没有事先定义就直接调用函数，相当于引用一个不存在的"变量名"。

函数的定义和调用

#### 1. 函数的定义

定义一个函数时，需要满足以下规则。

（1）函数代码块以"def"关键字开头，后面依次接函数名、圆括号、冒号。

（2）任何需要传入的参数和自变量都必须放在圆括号内。

（3）函数的第一行语句可以选择性地使用文档字符串，用于存放函数说明。

（4）函数内容以冒号开始，并且需要缩进。

（5）函数以 return [表达式]结束，并返回一个值给调用方。也可以只写一个 return，这种不带表达式的 return 相当于返回 None。

其基本语法如下。

```
def 函数名(函数参数):
    函数体
    return 表达式或值
```

其中，函数名最好能够体现该函数的功能。默认情况下，函数参数和参数名称是按函数体中定义的顺序匹配起来的。

📖【**例 4-1**】Python 简单函数。

本例将定义一个简单函数，功能是输出生日歌的歌词。

```
#定义生日歌函数
def Birthday():
    print("Happy birthday to you!")
    print("Happy birthday to you!")
    print("Happy birthday to you!")
    print("Happy birthday to you!")
```

### 2. 函数的调用

函数定义后，可以通过另一个函数调用并执行该函数，也可以直接使用 Python 提示符执行该函数。

📖【**例 4-2**】调用生日歌函数。

本例将演示 Birthday()函数的调用。定义生日歌函数的目的是在需要时重复使用。例如，张三同学过生日时可以调用该函数，李四老师过生日时也可以调用该函数，从而避免代码冗余，实现代码优化。

```
def Birthday():
    print("Happy birthday to you!")
    print("Happy birthday to you!")
    print("Happy birthday to you!")
    print("Happy birthday to you!")

print("张三同学，送你一首歌，祝你生日快乐，学习进步！")
#函数调用
Birthday()

print("李四老师，送您一首歌，祝您生日快乐，工作顺利！")
Birthday()
```

例 4-2 的运行结果如图 4-1 所示。

张三同学，送你一首歌，祝你生日快乐，学习进步！
Happy birthday to you!
Happy birthday to you!
Happy birthday to you!
Happy birthday to you!
李四老师，送您一首歌，祝您生日快乐，工作顺利！
Happy birthday to you!
Happy birthday to you!
Happy birthday to you!
Happy birthday to you!

图 4-1　调用生日歌函数

使用 Python 函数时，要注意区分函数的定义和函数的调用。函数的定义，是在函数名前加上"def"关键字，并在圆括号后加上"："表示下面的代码属于函数体。函数的调用，是直接使用函数名，并在后面的圆括号中加上实参列表，没有"："。

### 4.1.3　函数参数

函数参数分为形参和实参。形参是指函数定义时，在圆括号中定义的参数。实参是指在函数调用时使用的真实参数，也就是传入圆括号的实参列表。一般

函数参数

情况下，在函数调用时，会把实参列表中变量对应的值，按照位置顺序一一赋值给形参。这种参数称为位置参数。调用函数时传入实参的数量、位置都必须和定义函数时形参的数量、位置保持一致。在计算机编程语言中，位置参数是函数传递参数的基本方法。

📖【例 4-3】函数参数的使用方法。

本例在生日歌函数的基础上增加了函数参数，使实现效果更加理想。

```
#函数的定义
def Birthday(name, hope):
    print(name + ",送你一首歌,祝你" + hope +"!")
    print("Happy birthday to you!")
    print("Happy birthday to you!")
    print("Happy birthday to " + name + "!")
    print("Happy birthday to you!")
#函数的调用
Birthday("张三同学", "生日快乐,学习进步")
Birthday("李四老师", "生日快乐,工作顺利")
```

例 4-3 的运行结果如图 4-2 所示。

```
张三同学,送你一首歌,祝你生日快乐,学习进步!
Happy birthday to you!
Happy birthday to you!
Happy birthday to 张三同学!
Happy birthday to you!
李四老师,送你一首歌,祝你生日快乐,工作顺利!
Happy birthday to you!
Happy birthday to you!
Happy birthday to 李四老师!
Happy birthday to you!
```

图 4-2　函数参数的使用方法

在 Python 中，除了位置参数外，还有几种特有的函数传递方式。

第一种，关键字参数。这是指在调用函数时，直接把一个实参赋值给某个形参，即显式地指明实参和形参的赋值关系，而不是通过位置关系确定赋值关系。

📖【例 4-4】关键字参数应用示例。

本例将展示关键字参数 hope 和 name 的应用。

```
#使用关键字参数调用 Birthday()函数
Birthday(hope = "身体健康", name = "Uncle Li")
```

例 4-4 的运行结果如图 4-3 所示。

```
#使用关键字参数调用Birthday()函数
Birthday(hope = "生日快乐,身体健康", name = "Uncle Li")
```

```
Uncle Li,送你一首歌,祝你生日快乐,身体健康!
Happy birthday to you!
Happy birthday to you!
Happy birthday to Uncle Li!
Happy birthday to you!
```

图 4-3　关键字参数应用示例

在 Birthday()函数的定义中，形参 name 在前，hope 在后。本例使用关键字参数调用Birthday()函数，虽然调换了参数的位置，但是并不影响运行结果。

第二种，可变长参数，也称为可变参数。其通过在参数前加"*"进行标识。因此，在定义函数时，带"*"的参数就是可变长参数。具体来说，可变长参数是指在定义函数时给定某个形参，但调用函数时却传递任意多个实参赋值给这个形参。这里说的任意多个，可以是一个，也可以是两个或多个，甚至可以是零个。

📖【例 4-5】可变长参数应用示例。

本例将展示*scores 作为可变长参数的应用，函数的功能是对输入的任意多个参数scores 进行求和。

```
def calc_sum(*scores):
    value_sum = 0
    for score in scores:
        value_sum = value_sum + score
    return value_sum
print(calc_sum())
print(calc_sum(100))
print(calc_sum(1,3,5))
```

例 4-5 的运行结果如下。

```
0
100
9
```

在本例中，scores 是一个可变长参数。对于 print(calc_sum())，其没有输入参数，所以运行结果是 0。对于 print(calc_sum(100))，其输入参数只有 100，所以运行结果是 100。对于 print(calc_sum(1,3,5))，其输入参数有 1、3、5 这三个，所以运行结果是 9。

第三种，可变关键字参数。其通过在参数前加"**"进行标识。因此，在函数定义时，带"**"的参数就是可变关键字参数。顾名思义，它是将关键字参数和可变长参数的功能进行组合的参数。具体来讲，就是参数定义了一个变量，但调用时可以传递多个变量；且在调用时，使用关键字参数的形式传递变量。

📖【例 4-6】可变关键字参数应用示例。

本例使用位置参数和可变关键字参数来输出个人信息。其中，name 和 stu_id 是位置参数，分别对应函数中的 Name 和 ID。**other_info 是其他信息，该参数是可变关键字参数，在调用时可以传递多个变量，如年龄（Age）、身高（Height）、体重（Weight）等，且实参以关键字参数的形式传递。

```
def print_stu_info(name, stu_id, **other_info):
    print("This is all info for",name)
    print("Name:", name)
    print("ID:", stu_id)
    for item,value in other_info.items():
        print(item+':',value)
    print('--------------------------')
print_stu_info("Andy",501)
print_stu_info("Jack",503, Age=21)
print_stu_info("Tom", 505, Height=180, Weight=70)
```

例 4-6 的运行结果如图 4-4 所示。

```
This is all info for Andy
Name: Andy
ID: 501
-------------------------
This is all info for Jack
Name: Jack
ID: 503
Age: 21
-------------------------
This is all info for Tom
Name: Tom
ID: 505
Height: 180
Weight: 70
-------------------------
```

图 4-4　可变关键字参数应用示例

本例输入了 Andy、Jack、Tom 的个人信息。其中，Jack 和 Tom 的个人信息使用了可变关键字参数。例如，print_stu_info("Tom", 505, Height=180, Weight=70)表示输出的 Name 是 Tom，ID 是 505，Height 是 180，Weight 是 70。其中，Height=180 和 Weight=70 对应的形参是**other_info。

### 4.1.4　变量作用域

在 Python 中，变量的作用域有 4 个层次，分别为 L、E、G、B。

* L（Local）：本地作用域。
* E（Enclosing）：嵌套作用域。
* G（Global）：全局作用域。
* B（Built-in）：内置作用域。

它们是互相包含的关系，按从大到小的顺序排列依次是 B、G、E、L。

Python 规定，在进行变量访问（或使用变量）时，如果在当前作用域中找不到变量，则可以向上层查找；如果上层找不到变量，则继续向更上层查找，直到找到为止；如果在最外层（即内置作用域）仍然没有找到，则报异常。

【例 4-7】变量作用域应用示例。

本例将展示在函数中变量作用的区域。

```
x=100
def func1():
    y=200
    def func2():
        print(y)
    def func3():
        print(x)
    func2()
    func3()
func1()
```

例 4-7 的运行结果如下。

```
200
100
```

本例的运行结果可以结合图 4-5 所示的变量作用域来解释。图 4-5 表明，本例有 4 个变量作用域，分别是本地作用域、嵌套作用域、全局作用域和内置作用域。

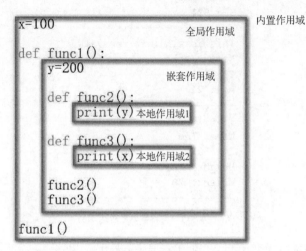

图 4-5  变量作用域

可以发现，$x$ 是全局变量，$y$ 是局部变量。当调用 func1() 时，func1() 先后调用 func2() 和 func3() 两个函数。

当在 func1() 中调用 func2()，要求在 func2() 的本地作用域 1 中输出变量 $y$ 的值时，需要在本地作用域 1 中查找变量 $y$。因为 func2() 函数内部没有 $y$ 的值，所以需要向它的上一层嵌套作用域进行查找，也就是在 func1() 函数内部进行查找，发现 $y$=200。因此，第一个输出结果是 200。

当在 func1() 中调用 func3()，要求在 func3() 的本地作用域 2 中输出变量 $x$ 的值时，需要在本地作用域 2 中查找变量 $x$。因为 func3() 函数内部没有 $x$ 的值，所以需要向它的上一层嵌套作用域进行查找，也就是在 func1() 函数内部进行查找，但是仍然没有发现 $x$ 的值，所以需要继续向上一层全局作用域进行查找。在全局作用域中，发现 $x$=100。因此，第二个输出结果是 100。

以上是进行变量访问时的情况。如果在本地作用域中对变量重新赋值，则情况又有所不同，如例 4-8 所示。

📖【例 4-8】在本地作用域中对变量重新赋值。

本例通过在本地作用域中对变量重新赋值，展示变量的作用域。

```
x=100
def func_x():
    x=200
    print(x)
func_x()
print(x)
```

例 4-8 的运行结果如下。结果发现，程序先输出 200，再输出 100。

```
200
100
```

在 Python 中，变量已在 func_x() 函数外赋值后，如果在 func_x() 函数所在的本地作用域中重新给这个变量赋值，那么实际上是重新创建了一个变量，只是这个变量名与外部作用域的变量名相同。在本例中，程序首先在 func_x() 函数外将 $x$ 赋值为 100，然后在 func_x()

函数的本地作用域重新将 $x$ 赋值为 200，内部的 $x$ 屏蔽了外部的 $x$，也就是说，外部的 $x$ 在 func_x()函数内部不可见，所以，print(x)输出 200。

但是，对于最后一句 print(x)，其在 func_x()函数外部。根据规则，在对 $x$ 的值进行查找时，应从当前作用域开始查找，而不是进入 func_x()函数内部查找。所以，$x$ 的值是 100。

📖 **【例 4-9】** 在 func_x()函数外未定义变量的问题示例。

本例将展示在 func_x()函数外没有定义变量将会导致的问题。

```
def func_x():
    x=200
    print(x)    #输出 200
func_x()
print(x)        #NameError: name 'x' is not defined
```

例 4-9 的运行结果如图 4-6 所示。

```
200
-----------------------------------------------------------------
NameError                           Traceback (most recent call last)
Cell In[2], line 5
      3     print(x)    #输出200
      4 func_x()
----> 5 print(x)        #NameError: name 'x' is not defined

NameError: name 'x' is not defined
```

图 4-6  在 func_x()函数外未定义变量的问题示例

在运行结果中，第一个输出是 200，这是调用 func_x()函数的结果。在 func_x()函数内部，$x$ 被赋值为 200，并且要求输出，所以得到的结果为 200。

此后，程序出现报错，提示变量 $x$ 没有被定义，这是 func_x()函数外的最后一句 print(x) 的执行结果。报错原因是在 func_x()函数外并没有给 $x$ 赋值，而 func_x()函数内 $x$ 的值无法传递到 func_x()函数外，所以在 func_x()函数外是没有变量 $x$ 的，程序报错。

综上所述，在 Python 中，按照 B、G、E、L 的顺序，一个变量可以被它的当前作用域及下层作用域使用，但不能被它的上层作用域使用；如果在下层作用域中对上层作用域的变量做了修改，则等同于在下层作用域中重新定义了一个同名变量，上层作用域的变量会暂时被屏蔽。

那么如何在本地作用域中修改外部变量的值呢？Python 提供了两个关键字：global 和 nonlocal。例 4-10 和例 4-11 分别展示了这两个关键字的用法。

📖 **【例 4-10】** global 关键字示例。

本例使用 global 关键字在本地作用域中修改外部变量的值。

```
x = 100
def func_x():
    global x
    x=200
    print(x)

func_x()
print(x)
```

与例 4-9 不同，本例在 func_x()函数外部定义了一个变量 $x$，同时在 func_x()函数内部使用 global 关键字使 $x$ 成为全局变量。这样，在 func_x()函数内部对 $x$ 重新赋值时，就会直接修改全局变量 *x* 的值，而不是重新定义一个同名的变量。例 4-10 的运行结果如下。

```
200
200
```

关键字 nonlocal 也有类似的作用。不同的是，global 可以把本地作用域的变量提升为全局作用域的变量，而 nonlocal 只能把本地作用域的变量提升为嵌套作用域的变量。

📖 【例 4-11】nonlocal 关键字示例。

本例将展示 nonlocal 关键字的作用。

```
x=400
def func1():
    x=200
    def func2():
        nonlocal x
        x=300
        print(x)
    func2()
    print(x)
func1()
print(x)
```

例 4-11 的运行结果如下。

```
300
300
400
```

由运行结果可知，nonlocal 关键字只能将本地作用域的变量提升为嵌套作用域的变量，不能将其提升为全局作用域的变量。在全局作用域中，*x* 被赋值为 400，这个值没有改变。所以，最后一句 print(x)的输出为 400，而不是嵌套作用域中的 300。

## 4.1.5　特殊函数

Python 中有一些特殊函数，如匿名函数、高阶函数、闭包函数、偏函数、递归函数等，本节将分别进行介绍。

### 1. 匿名函数

匿名函数是隐藏了名称，或者没有名称的函数，用 lambda 关键字表示，也称为 lambda 表达式。与普通函数相比，匿名函数的功能比较单一，没有循环结构，通常只是一个表达式；没有 return 语句，直接返回计算结果。

匿名函数

```
print(lambda y:y*2)
```

这行代码定义了一个 lambda 表达式，并使用 print()进行输出。运行结果如下。

```
<function <lambda> at 0x00000188E2DC4670>
```

由此可知，lambda 表达式实际就是匿名函数。

那么，相对于普通函数，匿名函数有什么优势呢？

很多时候，程序员需要定义一个函数或者一个计算规则，来实现一个比较简单的功能。这个函数可能只有一行代码，并且这个函数只在当前位置使用一次，并不需要在其他位置被调用。此时，如果定义一个普通函数，则需要加上"def"关键字，还要重新定义函数名，甚至可能存在函数名冲突的问题。为了解决这些问题，匿名函数应运而生。

与普通函数一样，匿名函数具有形参和函数体，形参和函数体之间通过英文冒号分隔。此外，如果需要，也可以对匿名函数重新定义一个函数名，以方便后续调用。

```
myfunc = lambda x:x*x
print(myfunc(8))
```

在上述程序中，myfunc 是函数名，lambda 是定义匿名函数的关键字，*x* 是形参，*x*\*x* 是函数体。lambda 和 $x$ 之间用空格分隔，形参和函数体之间用冒号分隔。myfunc 指向定义的这个匿名函数。在语句 print(myfunc(8)) 中，调用 myfunc() 来使用匿名函数。其中，实参是 8，因此输出是 64。由此观之，当对匿名函数使用函数名后，其使用方法与普通函数一样。

除了可以定义一个参数外，匿名函数还可以定义多个参数。

```
funcA=lambda x,y:x*x+y*y
print(funcA(3,4))
#25
```

在上述程序中，匿名函数有 $x$ 和 $y$ 两个参数。该函数的功能是求输入的两个数的平方和。使用 lambda 关键字定义匿名函数后，再重新定义函数名 funcA，并使用 funcA() 调用函数，输入实参 3 和 4，最后输出平方和 25。

在匿名函数中，可以使用各种参数。以下程序展示了位置参数和默认参数在匿名函数中的使用方法。

```
funcB=lambda x,y=2:x**y
print(funcB(3,4))
#81
print(funcB(5))
#25
```

在上述程序中，funcB() 是一个匿名函数，其有 $x$ 和 $y$ 两个参数，该函数的功能是求 $x$ 的 $y$ 次幂。$y=2$ 表示 $y$ 的默认值是 2。在 funcB(3,4) 中，分别给 $x$ 和 $y$ 传入 3 和 4，所以结果是 3 的 4 次幂，也就是 81。在 funcB(5) 中，只给 $x$ 传入 5，没有给 $y$ 传入实参，此时 $y$ 只能使用定义时设置的默认值 2，所以结果是 5 的 2 次幂，也就是 25。

在前面的例子中，匿名函数的函数体都比较简单，只包含一个简单的表达式。其实，在匿名函数中也可以加入条件判断语句。

```
funcC=lambda x,y:y if x>=0 else -y
print(funcC(3,5))
#5
print(funcC(-2,10))
#-10
```

在上述程序中，funcC() 指向了一个匿名函数对象，也就是一个 lambda 表达式。这个表达式有 $x$ 和 $y$ 两个参数。在函数体中，当 $x \geqslant 0$ 时，表达式返回 $y$ 的值；当 $x<0$ 时，表达式返回 $-y$ 的值。

lambda 表达式也支持分支嵌套。

```
funcD=lambda x, y, z: x if (x >= z and x >= y) else (y if (y >= z and y >= x)
else z)
```

这个函数的功能是计算输入的 3 个数的最大值。这行代码阅读起来比较困难，不便于理解。匿名函数虽然支持多重的分支嵌套，但这违反了 Python 简单、优雅的特性，所以不建议使用。

**2. 高阶函数**

匿名函数允许在调用时使用一个变量名并指向这个函数。对于类似 lambda 表达式的用法，"匿名"的意义不大，在实际代码中使用得较少。很多时候，匿名函数会在高阶函数中使用。高阶函数一般是指以函数作为输入或输出的函数。

高阶函数

📖【例 4-12】高阶函数示例。

本例将展示普通函数 action() 和高阶函数 do() 的用法。

```
def action(name):
    print(name+" eat!")
def do(animal, func):
    func(animal)
do("pig", action)
```

在例 4-12 中，第一个函数 action()是普通函数，输入参数 name 是一个普通字符串对象；第二个函数 do()是一个高阶函数，它的第一个参数 animal 是一个普通字符串对象，第二个参数 func 是一个函数对象，在 do()函数内部调用了 func()函数；最后一行代码调用了 do()函数，传入字符串"pig"和函数对象action，在do()函数内部调用了func()函数，也就是action()函数把"pig"作为输入参数，最终输出"pig eat!"。

```
pig eat!
```

在例 4-12 中，也可以在调用高阶函数时传入一个匿名函数作为输入，举例如下。

```
do("cat", lambda name:print(name+" like sleeping!"))
```

在这个高阶函数中，do()函数的第二个参数是一个匿名函数，它没有名称，只是一个 lambda 表达式。在代码执行过程中，会把"cat"字符串传递给 lambda 表达式代表的函数对象，最终输出"cat like sleeping!"。

```
cat like sleeping!
```

在实际使用中，经常会用到 Python 自带的高阶函数，它们以定义的函数作为输入，按照设计的逻辑执行程序。

第一个常用的内置高阶函数是 sorted()，其功能是对输入的第一个参数进行排序。sorted()函数示例如下。

```
stu_lst = [("Tom",20),("Jack",18),("Rose",18),("Lily",21)]
new_lst = sorted(stu_lst, key=lambda item:item[1])
print(new_lst)
#[('Jack', 18), ('Rose', 18), ('Tom', 20), ('Lily', 21)]
```

sorted()函数有一个强制关键字参数 key。key 的功能是为第一个参数设置一个排序的规则或依据。key 的默认值是 None，即默认按字母顺序或数值的大小排序。当需要按特殊的规则进行排序时，需要定义一个函数，并传递给 key。这个被定义的函数可以是普通函数，也可以是匿名函数。在上述程序中，这个被定义的函数是匿名函数，并且选择 item[1]，即按年龄进行排序。如果选择 item[0]，则按姓名的字母顺序来排序。

第二个常用的内置高阶函数是 map()，其主要功能是使用传入的函数对传入的序列数据进行逐项处理，最后生成一个迭代对象。

```
namelst=['adam','LISA','toM']
m_namelst=map(lambda s:s.upper(),namelst)
new_namelst=list(m_namelst)
print(new_namelst)
#['ADAM', 'LISA', 'TOM']
```

在上述程序中，通过 map()函数把列表 namelst 中的所有字母转换成大写字母。首先，把字符串组成的列表 namelst 传递给 map()函数作为其第二个参数。map()函数的第一个参数是一个匿名函数，它的功能是把一个字符串的所有小写字母转换成大写字母。map()函数在执行过程中，会从 namelst 中逐个取出字符串，此处是逐个取出名字。将取出的字符串先后传入匿名函数中，然后将其转换成大写字母。map()函数的输出 m_namelst 是一个 map 对象，它是一个迭代器，可以通过迭代的方式逐个获取处理后的值。此处通过 list()把 map()函数的输出转换成 list 对象 new_namelst。

第三个常用的内置高阶函数是 reduce()，其功能是使用传入的处理函数对输入序列中的值逐项进行合并操作，最后得到合并的值。合并的规则定义在处理函数中。下面通过 Python 文档中自带的一个例子来介绍 reduce()函数的用法。

```
from functools import reduce
result = reduce(lambda x, y: x+y, [1, 2, 3, 4, 5])
print(result)
#15
```

在本例中，reduce()函数的第一个参数是匿名函数，第二个参数是一个列表。匿名函数的函数体定义了合并的方法：第一个参数 $x$ 用来存储合并的结果；第二个参数 $y$ 是来自序列的每一个值；将 $x+y$ 的值存储到 $x$ 中，再获取新的 $y$ 值；重复执行该过程，最后得到的 $x$ 为合并值，也就是（(((1+2)+3)+4)+5）的值。

需要注意的是，reduce()函数除了接收一个匿名函数作为第一个参数，接收一个序列作为第二个参数外，还可以接收第三个参数。第三个参数用来初始化匿名函数的第一个参数 $x$。如果没有传入第三个参数，则使用序列的第一个值作为 $x$ 的值；如果传入了第三个参数，则使用传入参数作为 $x$ 的值。在下面的例子中，$x$ 的初始值为第三个参数 19，最后得到的 $x$ 是（((((19+1) +2)+3)+4)+5）的值。

```python
from functools import reduce
result = reduce(lambda x, y: x+y, [1, 2, 3, 4, 5], 19)
print(result)
#34
```

📖【例 4-13】高阶函数应用示例。

本例对列表中的学生进行分组，分组依据是学生的学号。如果学生学号除以 3 的余数是 1，则把这些学生分到一组；如果学生学号除以 3 的余数是 2，则把这些学生分到二组；如果学生学号能被 3 整除，则把这些学生分到三组。

```python
from functools import reduce
stu_lst = [
"04161589 李雨昕 男",
"04161588 刘泳锋 男",
"04161578 付懿杨 男",
"04161576 李立敏 男",
"04161602 吴谨 男",
"04161579 陈雨菲 女",
"04161581 刘凡钊 女",
"04161585 舒千茹 女",
"04161582 马思琦 女"]
def split_group(grouped , value):
    group_num = int(value.split()[0])%3
    if group_num == 1:
        grouped['一组'].append(value.split()[1:])
    elif group_num == 2:
        grouped['二组'].append(value.split()[1:])
    elif group_num == 0:
        grouped['三组'].append(value.split()[1:])
    return grouped
grouped_stu_dic = reduce(split_group, stu_lst, {'一组':[], '二组':[],
'三组':[]})
for k,v in grouped_stu_dic.items():
    print(k, v)
```

本例首先定义了一个学生列表 stu_lst，该列表包含每位学生的学号、姓名、性别信息；其次，定义了一个 split_group()函数，用来对学生列表进行处理，将学生学号对 3 取余数，根据运算结果进行分组；再次，使用 reduce()函数，把 split_group()函数和学生列表 stu_lst 都传进去，在 reduce()函数中，还给出了一个可选参数的值{'一组':[], '二组':[], '三组':[]}，它被用来初始化 split_group()函数的第一个参数；最后，使用 for 循环输出分组后的字典，最终的输出信息如下。

一组  [['李雨昕', '男']]
二组  [['付懿杨', '男'], ['吴谨', '男'], ['刘凡钊', '女']]
三组  [['刘泳锋', '男'], ['李立敏', '男'], ['陈雨菲', '女'], ['舒千茹', '女'], ['马思琦', '女']]

### 3. 闭包函数

闭包函数

局部变量无法共享，也无法长久保存；全局变量可能造成变量污染。为了解决这些问题，可以使用闭包函数。闭包函数是指可以访问另一个函数作用域内变量的函数，该函数一般是定义在某个函数中的内置函数。

📖【例4-14】闭包函数示例。

在本例中，inner()函数（内置函数）是一个闭包函数，它定义在outer()函数（外部函数）内，这种方式称为函数嵌套。

```
def outer(a):
    b = 10
    def inner():
        print(a+b)
    return inner
demo1 = outer(5)     #返回一个inner()函数对象给demo1，并没有执行函数
demo1()      #输出15
demo2 = outer(7)
demo2()      #输出17
```

在outer()函数内，首先定义了一个变量b，然后定义了一个内置函数inner()，在inner()函数中输出变量b和参数a的和，最后返回inner()函数对象。

在后面的两次调用中，第一次调用给outer()函数传递了参数5，并赋值给a，然后在outer()函数内部返回inner()函数对象，demo1指向inner()函数对象。后面的demo1()是对demo1的调用，即执行inner()函数。inner()函数的作用是输出a和b的和。此时，a是outer()函数的参数5，b是10，所以demo1()的输出是15。第二次调用与此类似，只不过a被赋值为7，所以demo2()的输出是17。

通过例4-14可以发现，变量b是outer()函数的局部变量。b既能共享和长久使用，又没有造成全局变量污染。

根据例4-14，可以总结出闭包函数的特点，具体如下。

（1）存在函数嵌套，也就是在一个函数内定义了另一个函数。

（2）在外部函数的最后，要返回内置函数对象。

（3）在内置函数中，要使用外部函数的局部变量。

在闭包函数中，对外部函数的调用的主要目的是保留外部函数中局部变量的值，实际的执行功能会在内置函数中实现；而内置函数得以调用的前提是外部函数在结束时返回内置函数对象。

例4-14展示了闭包函数的特点及用法，但没有展示它的实际作用。下面通过一个形象的例子来说明闭包函数的实际应用场景。

📖【例4-15】闭包函数的应用示例。

本例结合使用Matplotlib库和NumPy库，展示闭包函数在绘制不同直线中的应用。

```
import matplotlib.pyplot as plt
import numpy as np
def line_conf(a, b):
    def line(x):
```

```
        return a*x + b
    return line
line1 = line_conf(1, 1)
line2 = line_conf(3, 2)
x=np.array(range(0, 31))
y1 = np.array([line1(i) for i in range(0,31)])
y2 = np.array([line2(i) for i in range(0,31)])
plt.scatter(x,y1,c='b',marker='o')
plt.scatter(x,y2,c='r',marker='s')
plt.xlabel('X')
plt.ylabel('Y')
plt.legend(['y1','y2'])
plt.show()
```

在本例中,line_conf()函数内部嵌套了函数 line()。在 line()函数内部,使用了 line_conf() 函数的两个参数 $a$ 和 $b$。line_conf()函数的参数可以被认为是函数内部的局部变量,只是它们的值是在函数调用时被赋予的。在 line_conf()函数的最后,返回 line()函数对象。而 line() 函数内部,也定义了一个参数 $x$,与 $a$ 和 $b$ 两个变量(参数)一起,组成直线方程 $ax+b$。

此后,通过两次调用 line_conf()函数,分别传入不同的值给 $a$ 和 $b$,得到 line()函数的两个不同对象 line1 和 line2。再使用 NumPy 库中的 array()函数创建 3 个数组对象,一个是 0～30 的横坐标值,另外两个分别代表 line1 和 line2 的纵坐标值,最后通过 pyplot 的 scatter()函数把两条直线绘制到坐标轴上。

通过例 4-15 可以看出:闭包函数允许动态地定义函数。也就是说,在定义一个闭包函数后,使用时通过传入不同的参数,可以得到不同的函数对象,每个函数对象都可以独立调用。

例 4-15 的运行结果是输出了两条在坐标系中的直线,如图 4-7 所示。其中,每个点都是圆形的直线是 $y_1$,每个点都是正方形的直线是 $y_2$。

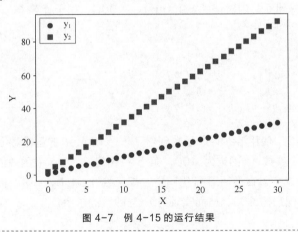

图 4-7　例 4-15 的运行结果

### 4. 偏函数

当函数的参数因个数太多需要简化时,可以使用 functools.partial 创建一个偏函数。偏函数可以固定原函数的部分参数,从而使调用更加简单。

在 Python 中,可以通过 int()函数把数字字符串转换成整型,举例如下。

偏函数

```
a = int('101')
print(a)
#101
```

在这里,int()函数把字符串“101”转换成十进制数字 101,并赋值给变量 $a$。那么,如何把“101”转换成二进制的数字呢?通过查阅 int()函数的用法可以发现,除了传入一个需要转换的字符串外,还可以传入一个数字,该数字表示要转换的进制,举例如下。

```
b = int('101', 2)
print(b)
#5
c = int('110',2)
print(c)
#6
```

通过给 int()函数传入第二个参数“2”，可以把字符串“101”和“110”转换成二进制对应的数值。上述代码转换了两个字符串，每次转换都需要传入第二个参数表示要转换成二进制，似乎可以接受。但是如果要转换更多的字符串呢？每次都要传入第二个参数，操作太冗余了。在这种情况下，可以使用偏函数来解决这些问题，举例如下。

```
from functools import partial
int2 = partial(int,base = 2)
print(int2('101'))
#5
print(int2('110'))
#6
print(int2('1001'))
#9
```

在这个例子中，使用 partial()函数创建了一个 int()函数的偏函数 int2()。int2()把 int()函数的第二个参数 base 设置成 2。这样，每次调用 int2()时，就等同于调用了 int()函数，同时把第二个参数设置成 2。如此一来，通过调用 int2()，就可以直接把数字字符串转换成二进制了。

int()函数是 Python 自带的函数。除了可以使用内置函数创建偏函数，还可以使用自定义的函数创建偏函数，如例 4-16 所示。

📖【例 4-16】偏函数的应用示例。

　　本例中，用户自定义了求余数的函数 mode()，用于计算传入的参数 $m$ 除以 $n$ 的余数。在 mode()函数的基础上，创建偏函数 mod_by_100()，用于计算 100 除以 $n$ 的余数。

```
from functools import partial
def mode(m,n):
    return m%n
mod_by_100 = partial(mode, 100)
print(mode(100, 7))       #输出 2
print(mod_by_100(7))      #输出 2
print(mod_by_100(8))      #输出 4
print(mod_by_100(9))      #输出 1
```

　　在第 4 行代码中，使用 partial()函数创建了一个 mode()的偏函数 mod_by_100()，它把 mode()的第一个参数 $m$ 固定为 100。第 5 行代码是 mode()函数的正常用法，传入了 100 和 7 两个参数求余。在最后 3 行代码中，都只给 mod_by_100()传入了 1 个参数作为除数，而被除数是固定值 100，从而实现 100 对除数的求余。

**5．递归函数**

如果一个函数直接或间接调用本身，那么这个函数称为递归函数。递归函数的特点如下。

（1）必须有一个明确的结束条件。

（2）每次进入更深一层递归时，问题规模相比上次递归应有所减少。

递归函数

（3）相邻两次递归之间有紧密的联系，即前一次递归为后一次递归做准备，通常使用前一次递归的输出作为后一次递归的输入。

（4）递归效率不高，递归次数过多会导致栈溢出。在计算机中，函数调用是通过栈（Stack）这种数据结构实现的。当进行一次函数调用时，栈就会增加一层栈帧；当函数返回时，栈就会减少一层栈帧。因为栈的大小不是无限的，所以递归调用的次数过多会导致栈溢出。

注意：正确的递归函数都是有限定值的，即有递归次数的限制，不会无限地递归。因此，递归函数需要设置结束位置。

📖【例 4-17】递归函数的应用示例。

本例通过计算 1～100 的和，展示递归函数的使用方法。

```
#循环函数
def sum_cycle(n):
    sum = 0
    for i in range(1, n+1):
        sum += i
    print(sum)
sum_cycle(100)
#递归函数
def sum_recu(n):
    if n>0:
        return n +sum_recu(n-1)
    else:
        return 0
sum = sum_recu(100)
print(sum)
```

例 4-17 的运行结果如下。

```
5050
5050
```

可以发现，使用 for 循环计算 1～100 的和，与使用递归函数计算 1～100 的和的结果一样。但是，递归函数在函数内部调用了自身。递归函数的结束位置是 $n=0$。

相比于循环函数，递归函数定义简单、逻辑清晰。理论上，所有递归函数都可以写成循环函数，但循环函数的逻辑不如递归函数清晰。

## 4.2 模块

Python 模块（Module）又称为构件，是指能够单独命名并独立完成一定功能的程序语句的集合，即程序代码和数据结构的集合体。

### 4.2.1 模块、包与库

**1. 模块**

Python 的模块是 Python 文件，以 .py 为扩展名，包含 Python 对象定义和 Python 语句。

模块、包与库

模块的主要作用如下。

（1）模块使得 Python 代码段的组织更有逻辑。

（2）模块能让代码更好用、更易懂，因为相关的代码会被分配到一个模块中。

（3）模块能定义函数、类和变量，模块也能包含可执行的代码。

**2. 包**

随着应用程序的规模越来越大，模块也越来越多，可以把相似的模块放在同一个包（Package）中，将不同的模块放在不同的包中，这样可以使程序易于管理且概念清晰。因此，Python 的包可以理解为文件夹或者目录。由于目录可以包含子目录和文件，因此，Python 的包可以包含子程序包和模块。只有包含__init__.py 文件，Python 才能将其视为一个包。

**3. 库**

库（Library）类似生活中的工具箱，工具箱中有很多必不可少的工具，这些工具就是类（Class）和函数（Function）。因此，Python 的库是类和函数的集合。Python 的库分为标准库和第三方库两种类型。

（1）Python 的标准库

Python 的标准库是在 Python 安装时默认自带的库，用 import 语句导入即可使用。常见的标准库有 os、sys、math、datetime 等。

（2）Python 的第三方库

Python 的第三方库是由其他人员或第三方机构提供的、具有特定功能的模块。第三方库需要下载并安装到 Python 的指定目录下才能使用。常见的第三方库主要有 Scrapy、Matplotlib、NumPy、pyecharts、pandas、scikit-learn 等。

**4. 模块、包与库的关系**

库可以是包的集合或者模块的集合，主要用于完成一个整体应用，侧重于功能的完整性。例如，Matplotlib 是 Python 的 2D 绘图库，pyecharts 是百度开源的数据可视化库，pandas 是 Python 的数据分析库等。

包是库的组织形式。在开发一个库的时候，如果一些模块的功能密切相关，则可以将其放在同一个包中；如果有很多模块，则可以将其按照功能差异分别放在不同的包中，最终形成一个库。

在 Python 中，包是带有特殊文件\_\_init\_\_.py 的目录。\_\_init\_\_.py 文件定义了包的属性和方法。\_\_init\_\_.py 文件可以是一个空文件。如果包中没有\_\_init\_\_.py 文件，那么这个目录仅是一个目录，而不是一个包，它就不能被导入。当导入一个包时，实际是导入了包的\_\_init\_\_.py文件。

导入包的语法如下。

```
import 包
```

导入模块的语法如下。

```
import 包.模块
from 包 import 模块
```

## 4.2.2 自定义模块

Python 模块就是 Python 程序。换句话说，只要是 Python 程序，都可以将其作为模块导入。

自定义模块

📖 【例 4-18】自定义模块示例。

本例将展示自定义模块的过程，该模块的程序保存在 demo.py 文件中。

```
name = "Python 编程"
add = "Python 函数与模块"
print(name,add)

def say():
    print("向阳而生，我学 Python! ")

class Code:
    def __init__(self,name,add):
        self.name = name
        self.add = add
    def say(self):
        print(self.name,self.add)
```

从上述程序可以看出，demo.py 文件中放置了变量 name 和 add、函数 say()、类 Code，所以该文件可以作为模块使用。在 demo.py 文件的内部输入以下代码，调用其中的函数 say()和类 Code。

```
say()
clangs = Code("Python","自定义模块")
clangs.say()
```

运行 demo.py 文件，结果如图 4-8 所示。

**Python**编程 **Python**函数与模块
向阳而生，我学**Python!**
**Python** 自定义模块

图 4-8 自定义模块示例

在上述运行结果中，第 1 行"Python 编程 Python 函数与模块"是 demo.py 文件前 3 行代码的运行结果，第 2 行"向阳而生，我学 Python!"是 say()函数的运行结果，第 3 行"Python 自定义模块"是 clangs.say()的运行结果。由运行结果可知，模块中包含的函数和类是可以正常运行的。

### 4.2.3　time、random、turtle 模块的使用

Python 环境中内置了一些常用的功能模块，如 time 模块、random 模块、turtle 模块等。

#### 1. time 模块

time 模块包含与时间相关的函数，主要处理时间对象和字符串之间的转换。在学习这个模块之前，需要了解 UNIX-Time、UTC、DST 等术语。

UNIX-Time：也称为 POSIX 时间或 UNIX 纪元时间，是用于描述时间点的系统。UNIX-Time 是指自 1970 年 1 月 1 日 0 时以来经过的总秒数，通常不包括闰秒。在该系统中，一天被视为完全包含 86400s。

time 模块

UTC：协调世界时，又称为世界统一时间。UTC 是以原子时秒长为基础，在时刻上尽量接近世界时（以地球自转为基础的时间计量系统）的一种时间计量系统。我国所用的时间是北京时间，比 UTC 早 8 个小时，即 UTC+8。UTC 被应用于许多互联网和万维网的标准中，例如，网络时间协议就是 UTC 在互联网中的一种使用方式。

DST：夏令时，又称为夏时制，是一种为了节约能源而人为规定地方时间的制度。这种制度实行期间所采用的统一时间称为"夏令时间"，包括在入夏时把时间向前调整一小时，在入秋时把时间向后调整一小时。

此外，对于时间的描述，time 模块使用了 struct_time 结构来组织。表 4-1 所示为 time 模块 struct_time 结构属性总结。

表 4-1　time 模块 struct_time 结构属性总结

| 属性 | 值 |
| --- | --- |
| tm_year | 1993 |
| tm_mon | range [1, 12] |
| tm_mday | range [1, 31] |
| tm_hour | range [0, 23] |
| tm_min | range [0, 59] |
| tm_sec | range [0, 61] |
| tm_wday | range [0, 6]，周一为 0 |
| tm_yday | range [1, 366] |
| tm_isdst | 0、1 或 -1 |

获取当前时间的方法如下。其中，gmtime()函数返回的是代表 UTC 的 struct_time 结构。

```
import time
time.gmtime()
#time.struct_time(tm_year=2023, tm_mon=1, tm_mday=19, tm_hour=3, tm_min=7,
tm_sec=25, tm_wday=3, tm_yday=19, tm_isdst=0)
```

如果要获取当前时区的时间，则可以使用 localtime()函数。

```
import time
time.localtime()
#time.struct_time(tm_year=2023, tm_mon=1, tm_mday=19, tm_hour=11, tm_min=13,
tm_sec=6, tm_wday=3, tm_yday=19, tm_isdst=0)
```

struct_time 结构是 time 模块中定义的结构，并不符合常见的时间格式，需要使用 strftime()函数做一次转换。

```
from time import localtime, strftime
strftime("%a, %d %b %Y %H:%M:%S", localtime())
#'Thu, 19 Jan 2023 11:15:01'
```

在 strftime()函数中，除了需要给它传递 struct_time 结构的数据外，还要定义一个字符串用于描述格式化的时间。strftime()函数的参数如表 4-2 所示。

**表 4-2 strftime()函数的参数**

| 参数 | 描述 |
| --- | --- |
| %a | 本地化的星期中每日的缩写名称 |
| %A | 本地化的星期中每日的完整名称 |
| %b | 本地化的月缩写名称 |
| %B | 本地化的月完整名称 |
| %c | 本地化的适当日期和时间表示 |
| %d | 用十进制数 [01,31] 表示的月中日 |
| %H | 用十进制数 [00,23] 表示的小时（24 小时制） |
| %I | 用十进制数 [01,12] 表示的小时（12 小时制） |
| %j | 用十进制数 [001,366] 表示的年中日 |
| %m | 用十进制数 [01,12] 表示的月 |
| %M | 用十进制数 [00,59] 表示的分钟 |
| %p | 本地化的 AM 或 PM |
| %S | 用十进制数 [00,61] 表示的秒 |
| %U | 用十进制数 [00,53] 表示的一年中的周数（以星期日作为一周的第一天）。在第一个星期日之前的所有日子都被认为在第 0 周 |
| %w | 用十进制数 [0,6] 表示的周中日。0 代表周日，1 代表周一……6 代表周六 |
| %W | 用十进制数 [00,53] 表示的一年中的周数（以星期一作为一周的第一天）。在第一个星期一之前的所有日子被认为在第 0 周 |
| %y | 用十进制数 [00,99] 表示的没有世纪的年份 |
| %Y | 用十进制数表示的有世纪的年份 |

相对于 strftime()函数，time 模块中的 strptime()函数可以把字符串转换成 struct_time 结构。

```
from time import strptime
strptime("19 Jan 2023", "%d %b %Y")
#time.struct_time(tm_year=2023, tm_mon=1, tm_mday=19, tm_hour=0, tm_min=0,
tm_sec=0, tm_wday=3, tm_yday=19, tm_isdst=-1)
```

strptime()函数能够根据格式解析表示时间的字符串，并返回一个 struct_time 结构的时间。

### 2. random 模块

　　random 模块主要用于处理与随机数相关的问题。需要明确的一点是，random 模块实现的实际是伪随机数，只能用于建模和仿真等安全级别较低的领域。如果要生成高加密强度的随机数，则应使用 secrets 模块。

random 模块

　　在 random 模块中，几乎所有函数都依赖于基本函数 random()。random() 函数的功能是在区间[0.0,1.0)内均匀生成随机浮点数。

```
from random import random
random()
#0.12116114804269229
random()
#0.26183679323750775
random()
#0.039425537341251315
```

　　seed()函数是 random 模块中另一个重要的函数，它用来初始化随机数生成器，设置一个随机种子。默认情况下，不需要给 seed()函数传入参数，而是使用当前系统时间作为“种子”。如果给 seed()函数传入一个固定的整数作为“种子”，则 random()函数会得到固定的结果。

```
from random import random, seed
random()        #没有调用 seed()函数设置“种子”，则默认以当前时间为“种子”生成随机数
#0.6113044777751866
seed(23)        #调用 seed()函数设置数字 23 为“种子”
random()        #生成一次随机数
#0.9248652516259452
seed(13)        #调用 seed()函数设置数字 13 为“种子”
random()        #生成一次随机数
#0.2590084917154736
seed(23)        #调用 seed()函数设置数字 23 为“种子”
random()        #生成一次随机数
#0.9248652516259452
```

　　从上述代码可以看出，当设置的“种子”相同时，生成的随机数也是相同的。

　　random()和 seed()函数是 random 模块中最底层的函数，并不是很常用。常用的函数是 randint()和 uniform()。randint()函数用于在指定范围内随机取一个整数；uniform()函数用于在指定范围内随机取一个浮点数。

```
from random import randint,uniform
print(randint(1,10))        #使用 randint()函数在 1～10 中随机取一个整数
#5
print(randint(3,30))        #使用 randint()函数在 3～30 中随机取一个整数
#29
print(uniform(1,10))        #使用 uniform()函数在 1～10 中随机取一个浮点数
#1.7519560914761527
print(uniform(9.5,5))       #使用 uniform()函数在 5～9.5 中随机取一个浮点数
#9.395471487117499
```

　　这两个函数类似，形式都是 randint（a,b）或 uniform（a,b）。但是，randint()接收的参数 a 和 b 必须是整数，且 a≤b，数据范围是[a,b]，也就是说，数据范围包括 a 和 b；uniform()接收的参数可以是整数或浮点数，如果参数 a≤b，则数据范围是[a,b]，如果参数 a≥b，则数据范围是[b,a]。

　　random 模块除了可以处理数学上的数据，还提供了一些能够处理序列对象的函数，如 choice()、shuffle()、sample()等函数。

　　choice()函数用于从非空序列中返回一个随机元素。如果序列为空，则引发 IndexError。在下面的程序中，使用 choice()函数从字符串“HelloWorld”中随机取出一个字母。

```
from random import choice
print(choice("HelloWorld"))
```

```
#'e'
print(choice("HelloWorld"))
#'r'
print(choice("HelloWorld"))
#'o'
print(choice("HelloWorld"))
#'H'
```

shuffle()函数可以把给定序列中的元素的顺序随机打乱。在下面的程序中，列表[1,3,5,7,9]的元素顺序被 shuffle()函数随机打乱，可以是[3,9,7,5,1]，也可以是[1,9,3,7,5]，还可以是[1,3,7,5,9]等。

```
from random import shuffle
lst = [1,3,5,7,9]
shuffle(lst)
print(lst)
#[3, 9, 7, 5, 1]
```

sample()函数用于从一个序列中随机取出 n 个元素。在下面的程序中，使用 sample()函数从"Hello"字符串中随机取出 4 个字母，从"World"字符串中随机取出 4 个字母。

```
from random import sample
print(sample("Hello",4))
#['l', 'o', 'l', 'e']
print(sample("World",4))
#['d', 'W', 'o', 'l']
```

### 3. turtle 模块

turtle 模块是 Python 基础包中的绘图工具。它像一只小乌龟，在二维平面上按照给定的横、纵坐标沿着一定的轨迹移动，从而根据其爬行的路径绘制图形。学习 turtle 模块，可以形象地了解二维图像的绘制过程。

turtle 模块

在 turtle 模块的设定中，屏幕就是一块画布，"小乌龟"就是画笔，可以通过调整画笔的颜色、宽度、移动速度、方向等来实现绘图效果，并且可以通过调用特定的函数来绘制常见的图形。

📖【例 4-19】使用 turtle 模块绘制黄色四瓣花图形。

本例将展示使用 turtle 模块绘制黄色四瓣花图形的具体过程。

```
import turtle
turtle.pensize(5)
turtle.pencolor("yellow")  #画笔颜色
for i in range(4):
    turtle.left(90)
    turtle.circle(50,180)
```

- turtle.pensize 表示设置画笔的宽度。
- turtle.pencolor 表示设置画笔的颜色，这里设置为黄色。
- turtle.left(90)表示将画笔向左转 90°。
- turtle.circle(50,180)表示绘制一个半径为 50 像素、弧度为 180° 的圆，即一个半圆。

例 4-19 的运行结果如图 4-9 所示。图 4-9 中的右下角是绘制图形所用的画笔。

图 4-9　使用 turtle 模块绘制黄色四瓣花图形

在例 4-19 中，花瓣可以一笔绘成。但有些图形在绘制时不能一笔绘成，需要先抬起画笔。turtle 模块除了提供以上几个函数外，还提供其他函数，如控制画笔的速度、抬起画笔、落下画笔、移动画笔等。下面用画笔来绘制一个不连贯的图案，如例 4-20 所示。

📖【例 4-20】使用 turtle 模块绘制笑脸。

本例使用 turtle 模块绘制一个笑脸，具体包括一个黄色的圆形脸部轮廓、两只黑色的圆形眼睛和一张红色的半圆形嘴巴。

```python
import turtle

turtle.setup(500,500)                        #设置画布的大小
turtle.shape('turtle')                       #将画笔形状设置为小乌龟

# 绘制笑脸的圆形
turtle.pensize(5)                            #设置画笔尺寸
turtle.pencolor("yellow")                    #设置画笔颜色
turtle.speed(10)                             #设置画笔速度
turtle.circle(100)                           #绘制一个半径为 100 像素的圆

# 定义两只眼睛的起始坐标
eyes_lst=[(-40,120),(40,120)]
# 绘制两只黑色的眼睛
for i in range(2):
    turtle.up()                              #抬起画笔
    #将画笔移动到每一只眼睛的起始坐标上
    turtle.goto(eyes_lst[i][0], eyes_lst[i][1])
    turtle.down()                            #落下画笔
    turtle.pensize(3)
    turtle.pencolor("black")                 #设置画笔颜色
    turtle.begin_fill()                      #准备开始填充颜色
    turtle.circle(15)                        #绘制一个半径为 15 像素的圆
    turtle.end_fill()                        #结束颜色填充

#绘制嘴巴
turtle.up()
turtle.goto(-40,80)                          #将画笔移动到嘴巴左顶点的坐标
turtle.down()
turtle.right(90)
turtle.pensize(3)
turtle.pencolor("red")
turtle.circle(40,180)    #沿着当前画笔方向，绘制一段半径为 40 像素、弧度为 180° 的圆弧
turtle.hideturtle()                          #隐藏画笔

turtle.mainloop()
```

turtle.setup(500,500)用来设置画布的大小。

turtle.shape('turtle')用来将 turtle 画笔的形状设置为小乌龟，当然，也可以根据用户的喜好，将其设置为正方形、三角形、圆形、箭头等。

turtle.speed()用来设置画笔的速度，速度的取值为 0～10，10 代表"快速"。

在绘制笑脸的圆形时，默认画布的中心点是小乌龟的起始位置，即坐标(0,0)笑脸圆形由 turtle.circle(100)绘制完成，半径为 100 像素。

eyes_lst 定义了两只眼睛的起始坐标位置。程序使用 for 循环来绘制两只眼睛。首先，使用 turtle.up()函数把画笔从屏幕上抬起来，它在移动到另一个位置或方向时不执行任何绘图操作。其次，使用 turtle.goto()函数将画笔移动到第一只眼睛的起始坐标(-40,120)处，

87

然后使用 turtle.down()函数落下画笔（注意：使用了 turtle.up()函数后，后面必须使用 turtle.down()函数才能继续画图）。再次，使用 turtle.pensize(3)将画笔尺寸设置为 3，使用 turtle.pencolor("black")将画笔颜色设置为黑色。接着，使用 turtle.begin_fill()函数准备开始填充颜色，使用 turtle.circle(15)绘制一个半径为 15 像素的圆，并填充颜色。最后，使用 turtle.end_fill()函数结束填充。此时，第一轮循环结束，进入第二轮循环，先使用 turtle.up()函数抬起画笔，移动到第二只眼睛的起始坐标(40,120)处，落下画笔，继续绘制。

for 循环运行结束，代表眼睛绘制完成。此时继续抬起画笔、落下画笔绘制一个半圆的弧形嘴巴，当笑脸绘制完成后，使用 turtle.hideturtle()函数隐藏画笔。

turtle.mainloop()是程序中的最后一条语句，用于启动事件循环。turtle.mainloop()也可以用 turtle.done()代替，一般来说，turtle.done()更简洁和常用。如果没有 turtle.mainloop()或 turtle.done()，程序也可以正常画图，但画图完成后，会自动关闭画布。当加上 turtle.mainloop()或 turtle.done()后，画布不会关闭，画图完成后，用户不但可以看到画布的内容，还可以继续运行其他指令。

例 4-20 的运行结果如图 4-10 所示。

图 4-10　使用 turtle 模块绘制笑脸

 技能实训

### 实训 4.1　发红包小程序

发红包小程序

[实训背景]

发红包是新年的一种习俗。随着互联网和智能手机的蓬勃发展，网络红包悄然兴起。很多人通过支付宝、微信等第三方支付工具给客户、亲朋好友发红包。本实训以编写发红包小程序为例，引导学生加深对模块的认识，熟练掌握 random 模块和内置函数的使用方法。

[实训目的]

① 掌握 random 模块的使用方法。

② 掌握 random 模块中 uniform()函数的用法。

[核心知识点]

- random 模块。
- uniform()函数。

- 循环语句。

**[实现思路]**

① 用户输入红包总金额。

② 用户输入红包个数。

③ 根据用户输入的红包个数，随机生成每个红包的金额。

④ 根据随机生成的红包金额，输出每个人获得的红包金额。

**[实现代码]**

实训 4.1 的实现代码如例 4-21 所示。

📖 **【例 4-21】** 发红包小程序。

本例根据用户输入的红包总金额与红包个数模拟线上发红包。

```python
import random
# 输入红包总金额和红包个数
total = float(input('请输入红包总金额: '))
num = int(input('请输入红包个数: '))
# 定义一个列表，用来存放每个红包的金额
result = []
# 定义一个变量，用来存放剩余金额
surplus = total
# 定义一个变量，用来存放剩余红包个数
surplus_num = num
# 循环生成红包
for i in range(num):
    if i == num - 1:
        # 如果是最后一个红包，则直接把剩余金额放入这个红包
        money = round(surplus, 2)
    else:
        # 随机生成红包金额
        money = round(random.uniform(0.01, surplus - surplus_num * 0.01), 2)
    # 将红包金额添加到列表中
    result.append(money)
    # 更新剩余金额
    surplus -= money
    # 更新剩余红包个数
    surplus_num -= 1

# 输出红包金额
print(result)
```

在本例中，首先由用户输入红包的总金额和个数，然后定义列表 result 来存放每个红包的金额。使用 for 循环模拟生成每个红包。在 for 循环中，嵌套使用 if...else 语句，如果是最后一个红包，则直接把剩余金额放入这个红包；否则为当前红包随机生成红包金额。将红包金额添加到列表中，并更新剩余金额和剩余红包个数。

这个过程使用了 random 模块的 uniform()函数来随机生成红包金额。当前红包至少有 0.01 元，也就是取值范围的下限是 0.01。当前红包上限金额的计算比较复杂，需要从剩余金额 surplus 中减去所有剩余红包的最小金额。剩余红包有 surplus_num 个，每个至少有 0.01 元，也就是所有剩余红包的最小金额是 surplus_num*0.01。因此，当前红包的上限金额是 surplus-surplus_num*0.01，该数值将作为 uniform()函数的上限。round()函数的第二个参数是 2，代表保留 2 位小数。

**[运行结果]**

依次输入红包总金额（100 元）和红包个数（10 个），实训 4.1 的运行结果如图 4-11

所示。注意：由于 uniform()函数生成的数值是随机的，因此，程序每次运行得到的红包金额是不一样的。

```
请输入红包总金额： 100
请输入红包个数： 10
[17.95, 51.98, 6.67, 20.37, 2.95, 0.01, 0.02, 0.02, 0.01, 0.02]
```

图 4-11  发红包小程序

**90**

## 实训 4.2  绘制多边形

绘制多边形

### [实训背景]

Python 的 turtle 模块能够绘制常见的图形，如三角形、正方形、五边形、圆、同心圆、边切圆等。本实训通过绘制多边形，引导学生熟练掌握 turtle 模块的使用方法。

### [实训目的]

① 掌握函数的定义和调用方法。

② 掌握 turtle 模块的使用方法。

### [核心知识点]

- 函数定义。
- 函数调用。
- turtle 模块。

### [实现思路]

① 导入 turtle 模块。

② 定义一个绘制任意正多边形的函数。

③ 调用函数，绘制多边形。

### [实现代码]

实训 4.2 的实现代码如例 4-22 所示。

📖 【例 4-22】绘制多边形。

本例综合使用函数与模块，使用 turtle 模块中的 forward()函数和 right()函数，结合自定义的 draw_polygon()函数，绘制边长为 100 的任意正多边形。

```python
# 导入 turtle 模块绘制正多边形
from turtle import *

# 定义一个绘制任意正多边形的函数
def draw_polygon(n):
    # 计算角度
    angle = 360 / n
    # 重复n次
    for i in range(n):
        # 向前移动100像素
        forward(100)
        # 向右转动angle度
        right(angle)

# 调用函数，绘制多边形
draw_polygon(3)      #绘制等边三角形
draw_polygon(4)      #绘制正方形
```

```
draw_polygon(5)     #绘制正五边形
draw_polygon(6)     #绘制正六边形

# 关闭画布
done()
```

本例使用的 from turtle import *与 import turtle 很相似，但是二者有明显区别。import turtle 导入了 turtle 模块以及所有的内部成员。from turtle import *未导入 turtle 模块，只是从这个命名空间导入了 turtle 模块中的所有成员。import turtle 不能使用未声明的变量。因此，要对每项加上 turtle 模块的前缀。from turtle import * 可以直接使用命名空间内已经定义好的项目名称，不需要对每项加上 turtle 模块的前缀。如此看来，使用 from turtle import *更方便。

本例使用了自定义函数 draw_polygon()，用于绘制边长为 100 像素的任意正多边形。在这个函数中，通过 for 循环控制需要绘制边的次数。在绘制每条边时，先使用 turtle 模块的 forward()函数向前移动并绘制 100 像素，再使用 right()函数将画笔向右转动一定的角度，如此往复，直到循环结束。

随后，本例调用 draw_polygon()函数绘制了等边三角形、正方形、正五边形、正六边形。

最后，本例调用 done()函数关闭画布。在 turtle 模块中，done()函数和 mainloop()函数用于启动事件循环，是程序的最后一条语句。

[运行结果]

实训 4.2 的运行结果如图 4-12 所示。

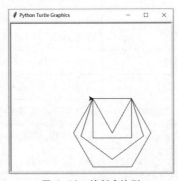

图 4-12　绘制多边形

## 🔍 模块小结

本模块详细介绍了Python函数与模块。在函数部分详细介绍了函数的概念、作用、定义、调用、函数参数、变量的作用域和特殊函数。在模块部分详细介绍了模块、包、库、自定义模块、time模块、random模块与turtle模块。本模块的核心知识点总结如下。

（1）函数是一段执行特定功能的代码，通过def关键字定义。

（2）函数中的参数分为位置参数、关键字参数、可变长参数、可变关键字参数等。

（3）模块是可以执行特定功能的代码的集合，任何一个Python文件既可以作为主程序，又可以作为模块被其他程序调用。Python环境内置了一些常用的功能模块，如time模块、random模块、turtle模块等。

## 拓展知识

Python 中的 hashlib 模块提供加密的相关操作，包含 MD5 和 SHA 加密，支持 MD5、SHA1、SHA224、SHA256、SHA384、SHA512 等算法。

MD5：全称为 Message-Digest Algorithm 5，即信息-摘要算法，是一种被广泛使用的密码散列函数，可以产生一个 128 位（16 字节）的散列值（Hash Value），用于确保信息传输的完整性和一致性。

SHA：全称为 Secure Hash Algorithm，即安全哈希算法，是在 MD5 基础上产生的算法家族。SHA 家族中包含众多算法，如 SHA1、SHA224、SHA256 等。

hashlib 模块的使用步骤主要包括创建 hash 对象、更新 hash 对象和返回摘要。hashlib 模块的常用属性和方法总结如表 4-3 所示。

表 4-3    hashlib 模块的常用属性和方法

| 常用属性/方法 | 名称 | 说明 |
| --- | --- | --- |
| 属性 | algorithms_available | 用于查看 hashlib 模块提供的用于运行在 Python 解释器中的加密算法 |
| | algorithms_guaranteed | 用于查看 hashlib 模块提供的所有平台都支持的加密算法 |
| 方法 | md5() | 创建一个基于 MD5 算法模式的 hash 对象 |
| | sha1() | 创建一个基于 SHA1 算法模式的 hash 对象 |
| | hash 对象.update(arg) | 用字符串参数来更新 hash 对象 |
| | hash 对象.digest() | 返回摘要，以二进制数据字符串值表示 |
| | hash 对象.hexdigest() | 返回摘要，以十六进制数据字符串值表示 |
| | hash 对象.copy() | 复制一个 hash 对象 |

【例 4-23】hashlib 模块的应用。

本例展示了 hashlib 模块可用于 python 解释器中的加密算法和可用于所有平台的加密算法，并使用 MD5 和 SHA1 两种算法对原始数据进行加密。

```
import hashlib
print('可用于 Python 解释器中的加密算法: \n',hashlib.algorithms_available)
print('可用于所有平台的加密算法: \n',hashlib.algorithms_guaranteed)
passwd = 'abcd12'

# MD5 加密
md5 = hashlib.md5()                            # 1-创建 hash 对象
md5.update(passwd.encode('utf-8'))             # 2-更新 hash 对象，传入待加密的数据
passwd_md5 = md5.hexdigest()                    # 3-返回摘要（十六进制）
print('加密前: ',passwd)
print('MD5 加密后: ',passwd_md5)
```

```
# SHA1 加密
sha1 = hashlib.sha1()                          # 1-创建 hash 对象
sha1.update(passwd.encode('utf-8'))            # 2-更新 hash 对象，传入待加密的数据
passwd_sha1 = sha1.hexdigest()                 # 3-返回摘要（十六进制）
print('SHA1 加密后: ',passwd_sha1)
```

例 4-23 的运行结果如图 4-13 所示。

可用于 Python 解释器中的加密算法:
{'ripemd160', 'sha3_224', 'sha384', 'blake2s', 'whirlpool', 'sm3', 'sha3_384', 'md5-sha1', 'md4', 'shake_128', 'sha512_256', 'sha512', 'shake_256', 'blake2b', 'sha1', 'mdc2', 'sha3_256', 'md5', 'sha3_512', 'sha512_224', 'sha224', 'sha256'}
可用于所有平台的加密算法:
{'sha512', 'shake_256', 'blake2b', 'sha3_224', 'sha224', 'sha1', 'sha384', 'blake2s', 'sha3_256', 'sha3_384', 'md5', 'sha3_512', 'shake_128', 'sha256'}
加密前:   abcd12
MD5 加密后:   d57587b0f5bbb0c3fe9d8cb16e97b0fe
SHA1 加密后:   c35a37f0bca08afa583247cc461cad9c8082a47c

图 4-13   hashlib 模块的应用

## 知识巩固

### 1. 选择题

（1）关于 range()函数的作用，下列描述正确的是（        ）。

    A. 可以将结果转换为列表

    B. 生成一系列数字

    C. 可以解析列表

    D. 可以统计计算

（2）下列选项中可以作为高阶函数使用的是（        ）。

    A. range()      B. sorted()      C. random()      D. localtime()

### 2. 简答题

（1）请简述关键字参数的特点。

（2）请简述什么是内置作用域。

（3）请简述导入模块的几种方式。

（4）请列举至少 8 个常用模块。

（5）请简述 nonlocal 和 global 关键字的相同点及不同点。

（6）请简述 Python 中变量作用域的 4 个层次及其之间的关系。

### 3. 操作题

（1）请实现一个带可变长参数的函数。

（2）请使用 turtle 模块绘制一个五角星。

递归算法非常简洁、清晰，一般用于解决 3 类问题：本身可以通过递归方式定义的问题（如斐波那契数列）、解法按递归算法实现的问题（如回溯）、数据的结构形式是递归定义的问题（如树的遍历、图的搜索、二分法查找等）。请按照以下要求实现递归算法。

（1）定义 f(x) = max(lcd(2, x), lcd(3, x), lcd(5, x)) / x!。其中，lcd 是计算两个数的最小公倍数的函数，x!代表 x 的阶乘。

（2）sum(x) = f(1) + f(2) + f(3) + … + f(x)。

（3）利用递归函数实现 sum(x)。

[实训考核知识点]

- 函数的定义与调用。
- 递归函数。

[实训参考思路]

① 定义一个函数，用于计算最小公倍数。

② 定义一个函数，用于计算阶乘。

③ 利用函数递归实现 sum(x)。

[实训参考运行结果]

输入 x=5，递归函数的参考运行结果如图 4-14 所示。

13.458333333333334

图 4-14　递归函数的参考运行结果

# 模块5
# Python文件处理

05

## 学习目标

**知识目标**

1. 掌握 Python 文件的基本操作；
2. 理解文本文件与二进制文件；
3. 掌握基于模块的文件操作。

**技能目标**

1. 能够正确进行文本文件操作；
2. 能够正确进行二进制文件操作；
3. 能够正确使用 os 模块操作文件，包括创建和删除文件夹，以及创建、打开、读取、写入、删除文件；
4. 能够正确使用 shutil 模块操作文件，包括复制、移动、删除文件或文件夹，压缩和解压缩文件；
5. 能够正确使用 openpyxl 模块操作 Excel 文件，包括将数据写入 Excel 文件、读取 Excel 文件中的数据、对 Excel 文件进行高级操作等。

**素质目标**

1. 锻炼严谨、细致的逻辑思维能力；
2. 树立勇于创新和探索的信念。

## 情景引入

　　文件处理是指使用计算机对各类信息进行综合处理。例如，使用计算机对数据、文字、图表等信息进行存储和编辑加工，形成文件。文件处理是Web应用程序的重要组成部分。Python拥有用于创建、读取、更新、删除文件的函数和可操作文件的模块。

## 知识准备

　　在 Python 中，文件处理是一个基本且重要的主题。文件是存储数据的主要方式之一——无论是存储在硬盘上、网络中还是其他存储介质中。Python 提供了丰富的内置函数和模块来处理文件，使得读取、写入和操作文件变得简单且直观。

## 5.1 文件的基本操作

文件操作是计算机应用的重要内容。在计算机系统中，文件有多种格式。但是，从编程语言的角度来看，文件主要分为文本文件和二进制文件两类。

文件函数

### 5.1.1 文件函数

在计算机中，操作文件包含 3 个步骤：打开文件、读写文件和关闭文件。操作文件的函数或方法如表 5-1 所示。

表 5-1　操作文件的函数或方法

| 函数或方法 | 描述 |
| --- | --- |
| open() | 打开文件，并且返回文件操作对象 |
| read() | 将文件内容读取到内存中 |
| write() | 将指定内容写入文件 |
| close() | 关闭文件 |

#### 1. open()函数和 close()函数

open()函数是 Python 的一个内置函数，可用于打开文件，创建一个 file 对象，并且返回文件操作对象。其基本语法如下。

```
file object = open(file_name [, access_mode][, buffering])
```

各个参数的详细说明如下。

- file_name: file_name 包含要访问的文件名称。
- access_mode: access_mode 用于确定打开文件的模式，包括只读、写入、追加等。access_mode 的取值详见表 5-2。该参数是非强制的，默认打开文件的模式为只读（r）。
- buffering: 如果 buffering 的值为 0，则访问文件时不会寄存行；如果 buffering 的值为 1，则访问文件时会寄存行；如果 buffering 的值是大于 1 的整数，则该整数值代表寄存区的缓冲大小；如果 buffering 的值小于 0，则寄存区的缓冲大小为系统默认值。

表 5-2　access_mode 的取值

| 取值 | 分类 | 描述 |
| --- | --- | --- |
| t | 无 | 文本模式（默认） |
| x | 无 | 写模式，新建一个文件，如果该文件已存在，则会报错 |
| b | 无 | 二进制模式 |
| + | 无 | 打开一个文件进行更新（可读可写） |
| U | 无 | 通用换行模式（不推荐） |
| r | 文件需存在（文本文件） | 以只读模式打开文件（默认），文件指针放在文件的开头 |
| r+ | | 以读写模式打开文件，文件指针放在文件的开头 |
| rb | 文件需存在（二进制文件） | 以二进制格式、只读模式打开文件，文件指针放在文件的开头，一般用于非文本文件，如图片等 |
| rb+ | | 以二进制格式、读写模式打开文件，文件指针放在文件的开头，一般用于非文本文件，如图片等 |

| 取值 | 分类 | 描述 |
|------|------|------|
| w | 文件存在则将其覆盖，不存在则创建新文件（文本文件） | 以只写模式打开文件。如果该文件已存在，则打开文件，并从头开始编辑，即原有内容会被删除；如果该文件不存在，则创建新文件 |
| w+ | | 以读写模式打开文件。如果该文件已存在，则打开文件，并从头开始编辑，即原有内容会被删除；如果该文件不存在，则创建新文件 |
| a | 文件存在则追加写入，不存在则创建新文件（文本文件） | 以追加模式打开文件。如果该文件已存在，则文件指针会放在文件的结尾，即新的内容将会被写入已有内容之后；如果该文件不存在，则创建新文件 |
| a+ | | 以读写模式打开文件。如果该文件已存在，则文件指针会放在文件的结尾，即文件打开时是追加模式；如果该文件不存在，则创建新文件 |
| wb | 文件存在则将其覆盖，不存在则创建新文件（二进制文件） | 以二进制格式、只写模式打开文件。如果该文件已存在，则打开文件，并从头开始编辑，即原有内容会被删除；如果该文件不存在，则创建新文件 |
| wb+ | | 以二进制格式、读写模式打开文件。如果该文件已存在，则打开文件，并从头开始编辑，即原有内容会被删除；如果该文件不存在，则创建新文件 |
| ab | 文件存在则追加写入，不存在则创建新文件（二进制文件） | 以二进制格式、追加模式打开文件。如果该文件已存在，则文件指针会放在文件的结尾，即新的内容将会被写入已有内容之后；如果该文件不存在，则创建新文件 |
| ab+ | | 以二进制格式、读写模式打开文件。如果该文件已存在，则文件指针将会放在文件的结尾，即文件打开时使用追加模式；如果该文件不存在，则创建新文件 |

open()函数用于打开或创建一个文件，close()函数则用于关闭打开的文件，以释放资源并防止数据丢失。close()函数的语法非常简单，它没有任何参数，在文件对象后面调用该方法即可。

其基本语法如下。

```
file.close()
```

其中，file 是一个文件对象，调用 close()函数即可关闭该文件。

### 2. read()函数

read()函数是 Python 提供的读文件的函数，用于从一个打开的文件中读取字符串。需要注意的是，Python 字符串既可以是文字，又可以是二进制数据。

其基本语法如下。

```
fileObject.read([count])
```

其中，被传递的参数 count 是从已打开文件中读取的字节计数。read()函数从文件的开头开始读入，如果没有传入 count 参数，则它会尝试尽可能多地读取文件的内容，很可能读取到文件的末尾才结束。

📖 【例 5-1】读取字符串示例。

本例打开 D 盘下的 file.txt 文件，并读取前 10 个字节的内容。

```
# 打开 D 盘下的 file.txt 文件，文件的内容是 Student.name
f = open("D:\\file.txt", "r+")
str = f.read(10)
print ("读取的字符串是: ", str )
```

```
# 关闭打开的文件
f.close()
```

本例使用 open()函数打开一个文件，打开文件的模式是"r+"，文件指针会放在文件的开头；使用 read()函数读取文件中前面的 10 个字符；使用 close()函数关闭文件，关闭后的文件不能进行读写操作，否则会触发 Value Error 错误，close()函数允许被调用多次。例 5-1 的运行结果如下。

```
读取的字符串是：  Student.na
```

由运行结果可以发现，算上"."，刚好是 10 个字符。

### 3. write()函数

write()函数是 Python 提供的写文件的方法可以将任意字符串写入一个打开的文件。需要注意的是，Python 字符串可以是文字，也可以是二进制数据。write()方法不会在字符串的结尾添加换行符（'\n'）。其基本语法如下。

```
fileObject.write(string)
```

在 write()函数中，被传递的参数是写入已打开文件的内容。

📖【例 5-2】写入字符串示例。

本例打开 D 盘下的 text.txt 文件，写入字符串，最后关闭文件。

```
# 打开 D 盘下的 text.txt 文件
f = open("D:\\text.txt", "w")
f.write( "hello world!\nhello Python!\n")
# 关闭打开的文件
f.close()
```

本例使用 open()函数打开 text.txt 文件并只用于写入，使用 write()函数将接收到的内容写入该文件，最终使用 close()函数关闭文件。打开 D 盘下的 text.txt 文件，将会看到以下内容。

```
hello world!
hello Python!
```

## 5.1.2  文本文件操作

文本文件存储的是人类可以直接阅读的字符，如"abc""一二三四"等，这些字符经过组织后可以转换成人类能够理解的信息。其组织过程也比较简单，使用常规的编解码就可以实现。编解码就是把字符转换成二进制码和把二进制码还原成字符的过程。随着计算机的发展，出现了多种编解码方案。目前，常用的编解码方案有 ASCII、汉字国标扩展码（Chinese Character GB Extended Code，GBK）、UTF_8、UTF_16、UTF_32 等。表 5-3 是 GBK 和 UTF_8 的十六进制码对比。

文本文件操作

**表 5-3  GBK 和 UTF_8 的十六进制码对比**

| 文本内容 | GBK | UTF_8 |
|---|---|---|
| "abc 一二三" | 61 62 63 D2 BB B6 FE C8 FD | 61 62 63 E4 B8 80 E4 BA 8C E4 B8 89 |

从表 5-3 可以看出，不管采用什么编码方案，大部分英文字符存储的二进制码类似，如表 5-3 中的"abc"都被编码为"61 62 63"。但是，对于包括中文在内的非英文字符，不同编码方案的二进制码不同，且一个中文字符对应的字节长度也不同，例如，"一二三"在 GBK 中是 6 字节的"D2 BB B6 FE C8 FD"，但在 UTF_8 中是 9 字节的"E4 B8 80 E4 BA 8C E4 B8 89"。因此，对于文本文件的操作，无论读写，打开文件时都需要指明编码方案。在 Python 中，进行

文件操作是比较简单的，举例如下。

> 📖 **【例 5-3】**标准的文本文件操作示例。
>
> 　　本例使用 open()函数打开一个文件，指明文件名、操作模式和编码方案，并使用 write()
> 函数写入一个字符串，最后关闭文件。
>
> ```
> f = open('D:\\file_2_1.txt', 'w+', encoding='utf-8')
> f.write('HelloWorld')
> f.close()
> ```
>
> 　　本例首先打开 D 盘下名称为"file_2_1.txt"的文件，并且没有指明是使用文本文件模
> 式（'t'模式）还是二进制模式（'b'模式）操作文件，所以默认使用文本文件模式操作文件；
> 第二个参数'w+'表示以读写模式打开文件，并且是从头开始操作，即原有内容会被删除，'+'
> 代表可读可写；第三个参数 encoding 是一个关键字参数，它指明以 UTF-8 的编码方案进
> 行文本读写。文件打开以后，把文件对象赋给 f 变量，然后调用文件对象的 write()函数写入
> "HelloWorld"字符串，最后调用 close()函数关闭文件。

## 5.1.3　二进制文件操作

　　二进制文件与文本文件不同，它存储的不是字符，而是除字符以外的信息，
如图片、声音、视频等。这些信息按照一定的规则转换成二进制数据，并存储到
文件中。图片、声音、视频的格式转换比较复杂，各自的标准也不同。当对这类
文件进行读写时，不考虑文件的实际内容，而是先把文件的二进制格式数据读取
出来并放到内存中，再根据实际文件的转换规则，把二进制格式数据转换成图片、

二进制文件操作

声音、视频等信息。不同的文件内容，其转换过程互不相同，但是读写二进制的过程都是相同的。

> 📖 **【例 5-4】**二进制文件应用示例。
>
> 　　本例以读写图 5-1 所示的 BMP 图片为例，说明二进制文件的操作过程。该文件存储在
> D 盘下，文件名为 file.bmp。
>
> ```
> import struct
>
> img= open('D:\\file.bmp', 'rb')
> #'rb'的读写模式指明以二进制方式、只读模式打开文件
> fileheader = img.read(54)          #先读取文件的前 54 个字节
> pixel_buffer = img.read()          #再读取后面的所有像素信息
> size = fileheader[18:26]           #截取文件头的第 18～25 个字节
> img.close()                        #关闭文件
> width, height = struct.unpack('ii',size)
> #ii 表示用 struct 解析二进制数据时给定的数据类型，代表两个 int
> print(f'图像宽度为{width }像素,图像高度为{height}像素')
> ```
>
>
>
> 图 5-1　BMP 图片

现在的 BMP 图片一般没有调色板信息，因此头部信息总共占用 54 个字节。BMP 格式标准规定：头部信息不但包括文件信息头，还包括位图信息头。图片的宽度和高度存放在位图信息头的第 5 个字节（对应头部信息的第 18 个字节）中，宽度和高度分别占 4 个字节，共 8 个字节，用整数类型表示。因此，宽度和高度信息位于头部信息的第 18~25 个字节。

在本例中，首先使用 open()函数打开图片文件，打开模式是"rb"，即以二进制方式、只读模式打开文件。其次，使用 img.read（54）读取头部信息，即读取前面的 54 个字节，并将其存放到 fileheader 变量中，再读取剩余的所有像素信息，并将其存放到 pixel_buffer 变量中。再次，从 fileheader 变量的 54 个字节中截取头部的第 18~25 个字节的二进制数据。最后，关闭文件，通过 Python 内置的 struct 模块，借助 unpack()函数，把图像的宽度和高度提取出来。在本例中，pixel_buffer 中的图片像素信息实际上是一个 width×height 的二维矩阵。因此，可以根据需要修改或处理其中任何一个像素点的内容。

例 5-4 的运行结果如图 5-2 所示。

图像宽度为**500**像素，图像高度为**375**像素

图 5-2　二进制文件应用示例

## 5.2　基于模块的文件操作

Python 不仅拥有内置的文件操作函数，还提供功能强大的文件操作模块，如 os 模块、shutil 模块、openpyxl 模块等。

### 5.2.1　使用 os 模块操作文件

os 是 Operating System（操作系统）的缩写；os 模块是 Python 对操作系统操作接口的封装模块。os 模块提供与操作系统进行交互的函数，可以实现文件和目录处理等多种功能，如新建文件夹、获取文件列表、删除某个文件、获取文件大小、重命名文件、获取文件修改时间等。

使用 os 模块操作文件

#### 1．文件描述符

为了高效管理已经打开的文件，操作系统会给每个打开的文件创建索引，这个索引称为文件描述符（File Descriptor，FD）。在使用代码对文件进行操作时，需要使用文件描述符来指定操作的文件。

文件描述符是非负整数（索引），用于指代被打开的文件，关闭状态的文件没有文件描述符。所有执行输入输出操作的系统调用操作都是通过文件描述符完成的，进程通过文件描述符来访问文件。

在 Python 程序启动时，默认有 3 个文件描述符：0（标准输入）、1（标准输出）、2（标准错误）。

使用 os 模块新建（Create）或者打开（Open）一个文件时，会返回文件描述符，文件描述符从 3 开始；继续新建或打开一个文件，文件描述符继续自增；在关闭（Close）一个文件之后，文件描述符自减；如果继续新建文件，则文件描述符会填补减掉的空缺。

#### 2．使用 os 模块创建文件夹

使用 os 模块创建文件夹，即在当前目录下创建一个空文件夹，运行代码后会看到当前目录下多出一个文件夹。

📖【例 5-5】使用 os 模块创建文件夹示例。

本例将展示使用 os 模块创建文件夹、获取文件夹所在目录并输出、重命名文件夹、获取目录中的文件等操作。

```python
import os

try:
    # 在当前目录下创建文件夹 test_folder
    os.mkdir('test_folder')
except os.error:
    pass
# 获取文件夹所在目录并输出
print(os.getcwd())
try:
    # 重命名文件夹
    os.rename('test_folder', 'os_folder')
except os.error:
    pass
# 获取目录中的文件
print(os.listdir('os_folder'))
```

例 5-5 的运行结果如下。

```
/home/python/Desktop/python_demo/os_test
[]
```

mkdir(folder_name)用于创建一个名为 folder_name 的文件夹。

getcwd()用于返回当前目录所在的绝对路径。

rename(old，new)用于将指定的文件夹（或文件）的名称从 old 改成 new。

listdir(folder_name)用于返回 folder_name 文件夹中的文件夹和文件，但不包含隐藏文件，返回结果是一个列表。在新建的文件夹中，文件夹为空，所以返回的是空列表。

本例先在当前目录下创建一个名为 test_folder 的文件夹，再获取当前目录的绝对路径并输出，接着将文件夹的名称 test_folder 重命名为 os_folder，最后获取 os_folder 文件夹中的文件夹和文件并输出。因为 os_folder 是一个新建的文件夹，所以文件夹为空，返回空列表。

### 3. 使用 os 模块创建文件

os 模块不仅可以创建文件夹，还可以创建文件。在计算机 D 盘下有一个文件夹 os_folder，使用 os 模块在该文件夹下创建 aaa.txt 文件，并向文件中写入"你好，python"，具体如例 5-6 所示。

📖【例 5-6】使用 os 模块创建文件示例。

本例将展示使用 os 模块创建文件的操作。

```python
import os

# 输出当前工作目录
print(os.getcwd())
# 修改当前工作目录至 D 盘的 os_folder 目录
os.chdir('D:\\os_folder')
# 再次输出修改后的当前工作目录
print(os.getcwd())
# 创建一个文件，返回该文件的文件描述符
fd = os.open('aaa.txt', os.O_CREAT|os.O_WRONLY)
print(fd)
# 向文件中写入内容
os.write(fd, '你好，python'.encode('utf-8'))
# 关闭文件
os.close(fd)
```

101

```
with open('aaa.txt', 'r') as f:
    # 获取当前文件的文件描述符
print(f.fileno())
```

例 5-6 的运行结果如下。

```
D:\workspace\python\模块 5
D:\os_folder
3
3
```

从运行结果可以看出，首先通过 getcwd()输出当前文件路径"D:\workspace\python\模块 5"，再通过 chdir()改变当前工作目录，进入"D:\\os_folder"文件夹。该操作类似于命令行中的 cd。

open(file,flags[,mode])可以创建一个不存在的文件或者打开一个已经存在的文件，其返回值是文件的文件描述符。如果打开的文件不存在，则需要给 flags 参数传入值 os.O_CREAT，表示创建文件，否则代码会报错。如果打开的是一个已经存在的文件，则为 flags 参数传入值 os.O_CREAT，也不会影响打开该文件。os.O_WRONLY 表示以只写的方式打开文件。os.O_CREAT | os.O_WRONLY 中间的竖线是管道符，表示同时进行两个操作。

write(fd, str)是向文件 fd 中写入内容，fd 是文件的文件描述符，str 是写入文件中的内容。这里的'你好，python'.encode('utf-8')是指将"你好，python"以 UTF-8 编解码方案进行编解码。

close(fd)是指将文件 fd 关闭。如果不使用 close()，则这个文件会一直处于打开状态。

fileno()用来获取当前文件的文件描述符。在本例中，由运行结果可知，文件描述符是 3。

### 4. open()的参数说明

open()用来打开一个文件，并返回该文件的文件描述符。

其基本语法如下。

```
os.open(file, flags[, mode])
```

其中，file 参数是需要打开的文件名；mode 是可选参数，用于设置文件的权限操作，默认是 777；flags 参数用于指定可以对打开的文件进行的操作，其语法比较特殊，必须按照语法要求来传值。flags 的常用值如表 5-4 所示。如果同时使用多个 flags 常用值，则需要以管道符 | 隔开。

**表 5-4　flags 的常用值**

| flags 的常用值 | 描述 |
| --- | --- |
| os.O_CREAT | 创建并打开一个新文件 |
| os.O_RDONLY | 以只读的方式打开文件 |
| os.O_WRONLY | 以只写的方式打开文件 |
| os.O_RDWR | 以读写的方式打开文件 |
| os.O_APPEND | 以追加的方式打开文件 |
| os.O_NONBLOCK | 打开文件时不阻塞 |
| os.O_TRUNC | 打开一个文件并截断它的长度为 0（必须有写权限），即每次写之前先清空文件内容 |
| os.O_EXCL | 如果指定的文件存在，则返回错误 |
| os.O_SHLOCK | 自动获取共享锁 |
| os.O_EXLOCK | 自动获取独立锁 |
| os.O_DIRECT | 消除或减少缓存效果 |
| os.O_FSYNC | 同步写入文件 |
| os.O_NOFOLLOW | 不追踪软链接 |

**5. 使用 os 模块读取文件内容和删除文件**

使用 os 模块创建文件的同时，还可以读取文件内容和删除废弃文件。

📖 【例 5-7】使用 os 模块读取文件内容和删除文件示例。

本例将展示使用 os 模块读取文件内容和删除文件的操作。

```python
# 修改当前工作目录为 os_folder 目录
os.chdir('os_folder')
# 创建一个名为 bbb.txt 的文件并打开
fd = os.open('bbb.txt', os.O_RDWR|os.O_CREAT)
# 写入内容
os.write(fd, 'bbbbbbb'.encode('utf-8'))
# 关闭文件
os.close(fd)
# 以只读方式打开文件
fd = os.open('bbb.txt', os.O_RDONLY)
# 从文件描述符 fd 中读取最多 20 个字节
print(os.read(fd, 20).decode('utf-8'))
os.close(fd)
# 删除文件
os.remove('bbb.txt')
```

例 5-7 的运行结果如下。

```
bbbbbbb
```

本例首先使用 os 模块中的 chdir() 将当前工作目录修改为 os_folder 目录。在该目录下，使用 open() 创建一个名为 bbb.txt 的文件，并以读写的方式打开文件。open() 可返回文件的文件描述符。使用 write() 在该文件中写入'bbbbbbb'，编码方式是 UTF-8。这里写入 7 个英文字符，因此占用 7 个字节。此后，关闭 bbb.txt 文件。

其次，使用 open() 以只读方式打开 bbb.txt 文件，使用 read() 从文件中读取 20 个字节的内容，读取时用 UTF-8 方式解码。需要说明的是，os.read(fd, n) 表示从指定的文件中读取 $n$ 个字节的内容，如果 $n$ 大于文件中内容的长度，则返回文件中的所有内容；如果文件中的内容已经读完了（多次读时），则返回空字符串。在本例中，写入的内容只有 7 个字节，但要求读取 20 个字节的内容，读取的字节数大于文件中内容的长度，因此返回文件中的所有内容，也就是'bbbbbbb'。所以，当输出读取的内容时，输出结果是"bbbbbbb"。输出完毕后，使用 remove() 删除 bbb.txt 文件。

有的读者可能会感到奇怪，在写入文件后，为什么要先关闭文件，再重新以只读方式打开文件并读取 20 个字节的内容呢？关闭操作似乎多此一举。这是因为使用 open() 打开文件，对文件执行写入操作后，如果直接进行读取操作，那么读取到的内容是空的。这相当于读的时候，访问的还是处于刚打开状态的文件，而不是处于写入后状态的文件。解决的办法是在写入后，先将文件关闭，再重新打开并读取文件。

## 5.2.2 使用 shutil 模块操作文件

os 模块提供文件或文件夹的新建、删除、查看功能，以及对文件和文件夹的路径操作功能。shutil 模块是 Python 中的高级文件操作模块，提供针对文件或文件夹的多个高等级操作功能，如复制、移动、删除、压缩、解压缩文件或文件夹等。shutil 模块与 os 模块互补，特别是对于文件或文件夹的复制和删除操作，二者联合使用能够基本完成所有的文件操作。

使用 shutil 模块
操作文件

### 1. 复制文件或文件夹

导入 shutil 模块的代码如下。

```
import shutil
```

（1）复制文件

函数：copy（src,dst）。

含义：复制文件。

参数：src 表示源文件，dst 表示目标文件夹。

① 将 test_shutil_a 文件夹下的"data.txt"文件复制到 test_shutil_b 文件夹中。

```
src = r"C:\Users\Python\Desktop\publish\os 模块\test_shutil_a\data.txt"
dst = r"C:\Users\Python\Desktop\publish\os 模块\test_shutil_b"
shutil.copy(src,dst)
```

注意：如果目标文件夹下存在和源文件同名的文件，那么复制的文件会覆盖目标文件夹中原来的文件。

② 将 test_shutil_a 文件夹下的"data.txt"文件复制到 test_shutil_b 文件夹下，并将其重新命名为"new_data.txt"。

```
src = r"C:\Users\Python\Desktop\publish\os 模块\test_shutil_a\data.txt"
dst = r"C:\Users\Python\Desktop\publish\os 模块\test_shutil_b\new_data.txt"
shutil.copy(src,dst)
```

（2）复制文件夹

函数：copytree（src,dst）。

含义：复制文件夹。

参数：src 表示源文件夹，dst 表示目标文件夹。

将 test_shutil_a 文件夹下的内容复制到 test_shutil_c 文件夹中。

```
# test_shutil_c 文件夹原本是不存在的，系统会自动创建该文件夹
src = r"C:\Users\Python\Desktop\publish\os 模块\test_shutil_a"
dst = r"C:\Users\Python\Desktop\publish\os 模块\test_shutil_c"
shutil.copytree(src,dst)
```

注意：如果指定任意一个不存在的目标文件夹，则系统会自动创建该文件夹，并将源文件夹下的内容复制到该文件夹下。

### 2. 移动文件或文件夹

函数：move（src,dst）。

含义：移动文件或文件夹。

参数：src 表示源文件或文件夹，dst 表示目标文件夹。

注意：文件一旦被移动了，原来位置的文件就不存在了。目标文件夹不存在时，系统会报错。移动文件夹的操作与移动文件的操作类似。另外，需要注意的是，如果目标文件夹下存在和源文件夹下同名的文件，那么在移动的过程中程序会报错："Error（"Destination path '%s' already exists" % real_dst）"。

```
# 将当前工作目录下的"a.xlsx"文件移动到 test_shutil_a 文件夹下
dst = r"C:\Users\Python\Desktop\publish\os 模块\test_shutil_a"
shutil.move("a.xlsx",dst)

# 将 test_shutil_a 文件夹下的"a.xlsx"文件移动到 test_shutil_b 文件夹中，并将其重新
# 命名为"aa.xlsx"
src = r"C:\Users\Python\Desktop\publish\os 模块\test_shutil_a\a.xlsx"
dst = r"C:\Users\Python\Desktop\publish\os 模块\test_shutil_b\aa.xlsx"
shutil.move(src,dst)
```

### 3. 删除文件夹

函数：rmtree ( src )。

含义：删除文件夹。

参数：src 表示源文件夹。

注意：使用 os 模块中的 remove()只能删除文件，使用 mdir()只能删除空文件夹。但是使用 shutil 模块中的 rmtree()可以递归地删除整个文件夹。因此，要慎用 rmtree()。

```
# 将 test_shutil_c 文件夹彻底删除
src = r"C:\Users\Python\Desktop\publish\os 模块\test_shutil_c"
shutil.rmtree(src)
```

### 4. 压缩文件

函数：make_archive ( base_name, format, root_dir=None, base_dir=None, verbose=0, dry=0, owner=None, group=None, logger=None )

含义：创建压缩包并返回文件路径，如 ZIP 或 TAR 压缩包。

主要参数说明如下。

- base_name：带有路径的压缩包文件名。如果 base_name 只是文件名，则保存到当前目录下，否则保存到指定路径。
- format：压缩包种类，如'zip''tar''bztar''gztar'。
- root_dir：需要压缩的文件夹路径（默认为当前路径）。
- owner：用户，默认为当前用户。
- group：组，默认为当前组。
- logger：用于记录日志，通常是 logging.Logger 对象。

```
import shutil
# 将/temp 目录下的 test 文件以 ZIP 压缩格式压缩，并存放在/temp/shutil 目录下
# 其中，test 是压缩包名。压缩结果为/temp/shutil/test.zip
shutil.make_archive("/temp/shutil/test",'zip',"/temp/test")
```

### 5. 使用 zipfile 模块进行压缩和解压缩

使用 shutil 模块对压缩包进行处理时需要调用 zipfile 和 tarfile 这两个模块来完成，因此需要导入这两个模块。下面介绍利用 zipfile 模块进行压缩和解压缩的相关函数及操作。

（1）创建一个压缩包

函数：write()。

```
import zipfile
import os
file_list = os.listdir(os.getcwd())
# 对上述所有文件进行压缩，使用"w"
with zipfile.ZipFile(r"我创建的压缩包.zip", "w") as zipobj:
    for file in file_list:
        zipobj.write(file)
```

（2）读取压缩包中的文件信息

函数：namelist()。

```
import zipfile
with zipfile.ZipFile("我创建的压缩包.zip", "r") as zipobj:
    print(zipobj.namelist())
```

（3）将压缩包中的单个文件解压缩

函数：extract()。

注意：当目标文件夹不存在时，系统会自动创建该文件夹。

```
import zipfile
```

```
# 将压缩包中的"test.ipynb"文件单独解压缩到 test_shutil_a 文件夹下
dst = r"C:\Users\Python\Desktop\publish\os 模块\test_shutil_a"
with zipfile.ZipFile("我创建的压缩包.zip", "r") as zipobj:
    zipobj.extract("test.ipynb",dst)
```

（4）将压缩包中的所有文件解压缩

函数：extractall()。

```
import zipfile
# 将压缩包中的所有文件解压缩到 test_shutil_d 文件夹下
dst = r"C:\Users\Python\Desktop\publish\os 模块\test_shutil_d"
with zipfile.ZipFile("我创建的压缩包.zip", "r") as zipobj:
    zipobj.extractall(dst)
```

### 6. 使用 tarfile 模块进行压缩和解压缩

shutil 模块还可以调用 tarfile 模块来完成压缩和解压缩操作。

```
import tarfile

with tarfile.open("test.tar", "w") as tar:
    # 创建一个压缩文件对象
    tar.add("./path")    # 添加文件到压缩文件对象中

with tarfile.open("test.tar", "r")  as tar:
    tar.extractall("./tarfile/test")
    # 将压缩包中的所有文件解压缩到 test 文件夹下
```

## 5.2.3　使用 openpyxl 模块操作 Excel 文件

openpyxl 模块可以用于读写 XLTM、XLTX、XLSM、XLSX 等格式的
文件。本节介绍使用 openpyxl 模块读写 XLSX 格式的 Excel 文件。需要注意
的是，openpyxl 模块不支持读写 XLS 格式的文件。

使用 openpyxl 模
块操作 Excel 文件

### 1. 安装 openpyxl 模块

```
pip install openpyxl
```

### 2. 使用 openpyxl 模块将数据写入 Excel 文件

使用 openpyxl 模块可以将数据写入 XLSX 格式的 Excel 文件。其主要步
骤如下。

（1）创建一个 Workbook 对象，也就是创建一个表格对象 wb。

（2）使用 wb 对象打开一个 worksheet，其默认是第一个表，使用 active()可以获取这个表。

（3）将数据按单元格依次写入表中。

（4）保存文件，指定文件名称。

📖【例 5-8】使用 openpyxl 模块将数据写入 Excel 文件。

本例描述了使用 openpyxl 模块将数据写入 Excel 文件的过程。

```
import openpyxl

openpyxl_data = [
    ('我', '们', '在', '这', '寻', '找'),
    ('我', '们', '在', '这', '失', '去'),
    ('p', 'y', 't', 'h', 'o', 'n')
]
output_file_name = 'openpyxl_file.xlsx'

def save_excel(target_list, output_file_name):
    """
    将数据写入 XLSX 格式的文件
    """
```

```
if not output_file_name.endswith('.xlsx'):
    output_file_name += '.xlsx'

# 创建一个 wb 对象，且在 wb 对象中至少创建一个表 worksheet
wb = openpyxl.Workbook()
# 获取当前活跃的 worksheet 表，其默认是第一个 worksheet 表
ws = wb.active
title_data = ('a', 'b', 'c', 'd', 'e', 'f')
target_list.insert(0, title_data)
# 将数据按单元格写入表中
rows = len(target_list)
lines = len(target_list[0])
for i in range(rows):
    for j in range(lines):
        ws.cell(row = i + 1, column = j + 1).value = target_list[i][j]

# 保存表格
wb.save(filename=output_file_name)

save_excel(openpyxl_data, output_file_name)
```

首先，解析需要保存的数据，并将其保存成固定的数据类型，即保存为一个由元组或列表构成的列表 openpyxl_data。其次，定义输出文件的名称 openpyxl_file.xlsx。最后，将保存到 Excel 文件的代码封装为 save_excel()，以方便后面调用。

save_excel()有两个参数，一个参数是目标数据 target_list，其是一个列表；另一个参数是文件的名称 output_file_name。在 save_excel()内部，首先，检查输出文件的名称是不是 XLSX 格式。如果不是，则在文件名的结尾加上.xlsx。其次，创建一个 Workbook 对象 wb，使用 active 获取当前活跃的 worksheet，在默认的第一个表 worksheet 中的第 0 行插入输入的标题数据 title_data。再次，按照单元格将输入参数 target_list 的数据写入表中。最后，使用 save()保存表格，表格的名称 filename 为第二个输入参数 output_file_name。

调用 save_excel()函数，执行程序，将会在代码同级目录下创建一个名为 openpyxl_file.xlsx 的 Excel 文件，并写入 openpyxl_data 中的数据。使用 Excel 打开该文件，结果如图 5-3 所示。

| | A | B | C | D | E | F |
|---|---|---|---|---|---|---|
| 1 | a | b | c | d | e | f |
| 2 | 我 | 们 | 在 | 这 | 寻 | 找 |
| 3 | 我 | 们 | 在 | 这 | 失 | 去 |
| 4 | p | y | t | h | o | n |

图 5-3　Excel 中的数据

### 3. 使用 openpyxl 模块读取 Excel 文件中的数据

使用 openpyxl 模块读取 Excel 文件中的数据的方式很多，可以根据情况灵活使用。例如，可以通过指定单元格的名称（如 A1、B2、A3 等）来获取 Excel 文件中对应单元格的数据；可以通过指定单元格的行与列来获取对应单元格的数据；可以获取多个单元格的数据；可以按行或者列获取表格数据；可以按照标题读取表格数据等。

📖【例 5-9】使用 openpyxl 模块读取 Excel 文件中的数据。

本例首先通过 openpyxl 模块的 load_workbook()打开一个 XLSX 格式的 Excel 文件；其次使用 Workbook 对象的 sheetnames 属性获取 Excel 文件中所有 sheet 表的表名列

表；再使用 active()获取当前 worksheet，默认是第一个 worksheet，即打开 Excel 时出现的表格；最后使用嵌套 for 循环，按单元格读取数据。

```python
import openpyxl                                #导入 openpyxl 模块

input_file_name = 'openpyxl_file.xlsx'         #需要读取的 Excel 文件名

def read_excel(input_file_name):
    """
    从 XLSX 格式的 Excel 文件中读取数据
    """
    workbook = openpyxl.load_workbook(input_file_name)
    #打开 XLSX 格式的 Excel 文件
    print(workbook)
    # 使用 workbook 对象的 openpyxl 属性获取 Excel 文件中所有 sheet 表的表名列表
    print(workbook.sheetnames)
    table = workbook.active    # 获取当前 worksheet，默认是第一个 worksheet
    print(table)
    rows = table.max_row          # 获取最大行数
    cols = table.max_column       # 获取最大列数

    for row in range(rows):
        for col in range(cols):
            data = table.cell(row + 1, col + 1).value     #按单元格读取数据
            print(data, end=' ')

read_excel(input_file_name)            #执行函数，读取数据
```

例 5-9 的运行结果如下。

```
<openpyxl.workbook.workbook.Workbook object at 0x0000026B1A87F4E0>
['Sheet']
<Worksheet "Sheet">
a b c d e f 我 们 在 这 寻 找 我 们 在 这 失 去 p y t h o n
```

运行结果将分别按顺序对应 4 个 print()语句。

运行结果的第 1 行是工作簿对象，0x0000026B1A87F4E0 为该对象的内存地址。

运行结果的第 2 行是使用 workbook 对象的 sheetnames 属性发现 Excel 文件中只有 Sheet 表中有数据，因此返回列表['Sheet']。

运行结果的第 3 行是打开 Excel 文件的 worksheet 是 Sheet 表。

运行结果的第 4 行是在 Sheet 表中按单元格读取到的数据。

**4. 使用 openpyxl 模块对 Excel 文件进行高级操作**

除了常规的写入和读取数据外，openpyxl 模块还提供很多高级功能，如设置列宽，设置行高，设置自动换行，设置文字居中、字体大小、字体颜色，用数据画图等。这些操作需要用到的方法或函数可以在 openpyxl.utils 或 openpyxl.styles 中找到。在实际使用中，可以根据具体的需求查找对应的方法。

## 技能实训

### 实训 5.1  读写文本文件

[实训背景]

读写文本文件

在打开文件前，需要了解该文件中的内容的格式是二进制格式还是文本格式。如果文件内容的格式为文本格式，则需要调用文本格式的相关函数；如果文件内容的格式为二进制格式，则需

要调用二进制格式的相关函数。本实训通过读写文本文件，帮助读者理解和掌握文本文件、文件操作函数等知识点。

**[实训目的]**

① 掌握文本文件的读写方法。

② 掌握常用的文件操作函数。

**[核心知识点]**

- 文本文件。

- 文件操作函数。

**[实现思路]**

① 分析题目要求，整理出核心功能要求，设计实现方案。

② 编码实现设计思路。

③ 运行程序，验证结果。

**[实现代码]**

实训 5.1 的实现代码如例 5-10 所示。

---

📖 **【例 5-10】** 读写文本文件。

文件 a.txt 中有一段英文 "study hard and make progress every day"，对这段英文进行加密，并将其保存到文件 b.txt 中；再对 b.txt 中的内容进行解密，并将其保存到文件 c.txt 中。

加密方法描述如下。

对于待加密内容，每 4 个字符为一组，第一个字符和第二个字符交换，第三个字符和第四个字符交换。如果最后一组没有 4 个字符，则只让第一个字符和第二个字符交换；如果只剩一个字符，则不交换。

实现代码如下。

```
#打开并读取文件 a.txt，将文件内容存放到 s1 中
f = open('D:\\a.txt')
s1 = f.read()
f.close()

#将 s1 列表化，并根据加密规则进行加密
lst = list(s1)

def encrypt(text):
    """加解密函数"""
    if len(text) < 2:
        return text
    result = []
    for i in range(0, len(text), 4):
        chunk = text[i:i+4]
        if len(chunk) == 4:
            # 分别交换前两个字符和后两个字符
            result.append(chunk[1] + chunk[0] + chunk[3] + chunk[2])
        elif len(chunk) == 2:
            # 交换这两个字符
            result.append(chunk[1] + chunk[0])
        elif len(chunk) == 3:
            # 只交换前两个字符
            result.append(chunk[1] + chunk[0])
            # 补上第 3 个字符
```

```
                result.append(chunk[2])
        else:
                # 如果只剩一个字符，则不交换，直接添加
                result.append(chunk)
    return ''.join(result)

# 加密文本
encrypted_text = encrypt(lst)
#将加密后的内容写入文件b.txt中
fb = open('D:\\b.txt','w+')
fb.write(encrypted_text)
fb.close()


#写入完毕，打开文件b.txt，读取该文件的内容
fb = open('D:\\b.txt')
s2 = fb.read()
print(s2)
fb.close()

#将文件b.txt中的内容解密，并写入文件c.txt中
lstc=list(s2)


# 解密文本
decrypted_text = encrypt(lstc)
fc = open('D:\\c.txt','w+')
fc.write(decrypted_text)
fc.close()
```

**[运行结果]**

实训 5.1 的运行结果如下。

```
a.txt:"study hard and make progress every day"。
b.txt:"tsdu yahdra dnm ka erpgoersse evyrd ya"。
c.txt:"study hard and make progress every day"。
```

运行结果表明，生成了 b.txt 文件和 c.txt 文件，其中 b.txt 文件是加密后的文件，c.txt 文件是解密后的文件，其内容与 a.txt 文件完全相同。

本例使用了 join()函数，该函数用于连接任意数量的字符串（包括要连接的字符串、元组、列表、字典），用新的目标分隔符连接，返回新的字符串。在本例中，新的目标分隔符是单引号对中的内容，是空的。因此，加解密函数中的返回值''.join(result)就是将列表 result 中的每个字符串连在一起，组成一个新的字符串，并将新的字符串写入打开的文件。值得注意的是，要对文件内容进行加密或解密，需要使用 list()函数将文件内容列表化。

## 实训 5.2　文件操作练习

**[实训背景]**

在实际开发中，通常需要从外存（如硬盘、光盘、U 盘等）读取数据，或者将程序执行过程中产生的中间数据存放在文件（日志等）中，抑或对运算结果进行持久化保存等。这些过程都与文件相关。本实训旨在帮助学生理解文件操作，掌握基于 shutil 模块操作文件的方法。

文件操作练习

**[实训目的]**

① 掌握文件的基本操作。

② 掌握使用 shutil 模块操作文件的方法。

**[核心知识点]**

- shutil 模块。
- 文件夹的创建。
- 文件的创建、复制、移动、删除、重命名。

**[实现思路]**

① 对文件进行相关操作。

② 检查文件是否发生变化。

**[实现代码]**

实训 5.2 的实现代码如例 5-11 所示。

📖【例 5-11】文件操作练习。

本例练习 Python 文件操作，要求掌握文件夹的创建，文件的创建、复制、移动、删除、重命名等操作，具体要求如下。

① 创建两个名为 TEXT1、TEXT2 的文件夹，如果 TEXT1、TEXT2 文件夹已经存在，则删除这两个文件夹后重新创建文件夹。

② 在 TEXT1 文件夹下创建一个名为 test.txt 的文件，并写入"Hello world!"。

③ 将 test.txt 文件复制到 TEXT1 文件夹下，并将复制后的文件重命名为 test1.txt。

④ 将 test1.txt 文件移动到 TEXT2 文件夹下，并将移动后的文件重命名为 test2.txt。

⑤ 删除 TEXT2 文件夹下的 test2.txt 文件。

⑥ 将 TEXT1 文件夹重命名为 TEXT1_年-月-日-时-分-秒。

```python
import os
import shutil

# 创建 TEXT1 文件夹，如果 TEXT1 文件夹已经存在，则删除该文件夹，并重新创建
if os.path.exists('TEXT1'):
    shutil.rmtree('TEXT1')
os.mkdir('TEXT1')

# 创建 TEXT2 文件夹，如果 TEXT2 文件夹已经存在，则删除该文件夹，并重新创建
if os.path.exists('TEXT2'):
    shutil.rmtree('TEXT2')
os.mkdir('TEXT2')

# 在 TEXT1 文件夹下创建 test.txt 文件，并写入内容
with open('TEXT1/test.txt', 'w') as f:
    f.write('Hello world!')
f.close()

# 将 test.txt 文件复制到 TEXT1 文件夹下并重命名为 test1.txt
shutil.copy('TEXT1/test.txt', 'TEXT1/test1.txt')

# 将 TEXT1 文件夹下的 test1.txt 文件移动到 TEXT2 文件夹下并重命名为 test2.txt
shutil.move('TEXT1/test1.txt', 'TEXT2/test2.txt')

# 删除 TEXT2 文件夹下的 test2.txt 文件
os.remove('TEXT2/test2.txt')

import time
# 重命名 TEXT1 文件夹
time_str = time.strftime('%Y-%m-%d-%H-%M-%S', time.localtime())
os.rename('TEXT1', 'TEXT1_' + time_str)
```

[运行结果]

实训 5.2 的运行结果如图 5-4 所示。

∨ ◻ TEXT1_2024-01-02-16-24-44

◻ test.txt

图 5-4　文件操作练习

## 🔍 模块小结

　　本模块详细介绍了 Python 中的文件处理，包括文件的基本操作和基于模块的文件操作。在文件的基本操作部分，详细介绍了文件函数、文本文件操作和二进制文件操作。在基于模块的文件操作中，详细介绍了使用 os 模块操作文件、使用 shutil 模块操作文件、使用 openpyxl 模块操作 Excel 文件。本模块的核心知识点总结如下。

　　（1）文件是计算机中数据持久化存储的表现形式。

　　（2）文本文件和二进制文件的打开方式类似，区别在于打开时的读写标记不同（详情请查看表5-2）。二进制文件的格式有多种，如图片、声音、视频等，需要根据特定的格式进行读写。

　　（3）在Python的标准库中，os模块包含常规的操作系统功能。如果希望程序与平台无关，则这个模块尤为重要。如果程序在编写后不需要进行任何改动，也不会发生任何问题，那么os模块允许该程序在Linux和Windows下运行。

　　（4）使用openpyxl模块可以读写XLTM、XLTX、XLSM、XLSX等格式的文件，并可以处理数据量较大的Excel文件。

## 👥⭐ 拓展知识

BMP 格式标准

基本的 BMP 格式标准可以简单描述为以下 4 条。

（1）文件信息头，共 14 个字节。

（2）位图信息头，共 40 个字节。

（3）调色板，1、4、8 位图像需要调色板数据，16、24、32 位图像不需要调色板数据。

（4）像素信息，由图像宽高和每个像素所占位数决定。

## 知识巩固

**1. 选择题**

（1）open()函数的第二个参数用于指明打开文件的模式，如果参数的值为'w'，则代表（　　）。

    A. 为写入内容而打开，从头开始写入

    B. 为读取内容而打开

    C. 为写入内容而打开，如果文件存在，则在末尾追加

    D. 排他性创建，如果文件已存在，则打开失败

（2）设 f=open('file1.txt')，文件的打开模式是（　　）。

    A. 'rt'　　　　　　B. 'at'　　　　　　C. 'b+'　　　　　　D. 'wt'

（3）在 os 模块中，os.chdir(path)的功能是（　　）。

    A. 创建目录 path　　　　　　　　B. 删除目录 path

    C. 将当前的目录重命名为 path　　　D. 将 path 设置为当前工作目录

（4）以下关于 Python 文件的描述中，错误的是（　　）。

    A. open()函数的参数处理模式"b"表示以二进制数据处理文件

    B. open()函数的参数处理模式"+"表示可以对文件进行读和写操作

    C. readline()函数表示读取文件的下一行，返回一个字符串

    D. open()函数的参数处理模式"a"表示以追加方式打开文件，删除已有内容

（5）Python 中要复制或移动文件，需要导入（　　）模块。

    A. struct　　　　B. os　　　　　　C. shutil　　　　D. openpyxl

**2. 简答题**

（1）请简述二进制文件和文本文件的区别。

（2）请简述在 Python 中，使用 f = open("d:/a.txt", "r")读取文件的注意事项。

（3）请简述使用 openpyxl 模块将数据写入 Excel 文件的操作步骤。

**3. 操作题**

请使用 Python 在计算机 D 盘根目录下创建一个文件"a.txt"，并向其中写入一段英文，最后对该段英文进行加密操作。

## 综合实训

参照 BMP 文件的格式，使用二进制方式打开图 5-5（a）所示的图片，对图片按像素进行上下反转，输出图 5-5（b）所示的图片。

（a）反转前

（b）反转后

图 5-5　综合实训的图片

[实训考核知识点]

- 读写二进制文件的基本方法。
- BMP 格式图片文件的基本结构。
- struct 模块的使用。

[实训参考思路]

① 查阅资料，了解 BMP 格式图片文件的基本结构。

② 设计实现方案。

③ 编写代码实现图片反转。

[实训参考运行结果]

输出 2.bmp 文件（反转后图片），图片内容相对 1.bmp（反转前图片）实现上下反转。

# 模块6
# Python面向对象

06

## 学习目标

### 知识目标

1. 了解面向过程与面向对象的区别；
2. 理解什么是类，什么是对象；
3. 掌握类的定义和实例化操作；
4. 掌握类的属性或方法的定义和访问；
5. 了解什么是继承；
6. 掌握子类重写父类同名方法的过程。

### 技能目标

1. 能够正确定义类并创建实例化对象；
2. 能够正确定义和调用类属性、实例属性；
3. 能够正确定义和调用类方法、实例方法、静态方法；
4. 能够正确进行方法重写。

### 素质目标

1. 培养自强不息、知行合一的卓越品质；
2. 激发创新性项目开发热情，强化创新思维并提升创造能力。

## 情景引入

如果让你来描述猫，你会怎么描述？例如，猫是一种动物，有着毛茸茸的身体、圆圆的眼睛、尖尖的耳朵，白天睡觉，晚上捉鼠，喜欢"喵喵"叫。

这段描述其实可以总结为3个方面：类别、特征和行为。

类别是指它所从属的类，如动物；毛发、眼睛、耳朵属于这类动物的特征；睡觉、捉鼠、"喵喵"叫属于这类动物的行为。

在Python中，类、特征、行为就是面向对象（Object Oriented）程序开发的重要概念。本模块将会详细介绍面向对象相关的知识。

**知识准备**

学习面向对象编程首先要理解面向对象和面向过程（Procedure Oriented），掌握面向对象编程的几个概念，如类、对象、封装、继承和多态。本模块将介绍面向对象的相关知识及应用实例。

# 6.1 面向对象简介

面向对象是在面向过程的基础上发展起来的一种编程思想。面向过程关注的是解决问题的步骤和过程，面向对象关注的是参与解决问题的对象和它们的行为。

## 6.1.1 面向过程与面向对象

### 1. 面向过程

面向过程是一种以过程为中心的编程思想，按照固定的流程一步一步解决问题。

面向过程在开发中关注的是解决问题的步骤和过程，不注重职责分工。函数式编程是面向过程编程的一种十分直观的体现。在开发过程中，根据开发需求，将某些功能独立的代码封装成函数，通过函数定义解决问题的步骤，通过调用函数解决问题。

面向过程的优点是开发思路清楚、处理问题的步骤固定、开发的软件稳定性非常高。但是，在开发过程中涉及复杂的项目时，代码就会变得很复杂，大大增加开发难度；开发的软件具有很差的可扩展性。因此，面向过程编程一般用于开发简单的中小型软件。

面向过程与面向对象

### 2. 面向对象

面向对象并不是和面向过程毫不相关的，而是相辅相成的。任何事情的处理最终都是通过面向过程来完成的。

面向对象在开发过程中关注的是对象和职责，不同的对象承担不同的职责，通过对象职责之间的互相作用解决具体问题。也就是说，在满足某一个需求前，先确定职责（要做的事情，即方法），然后根据职责确定不同的对象，在对象内部封装不同的方法，最后编写代码，按顺序让不同的对象调用不同的方法。

面向对象将参与解决问题的对象数据独立出来，可提高对象数据的复用性，使程序的扩展性更强、可读性更好，进而使功能的改造和添加变得非常容易。但是面向对象编程的复杂度要远高于面向过程编程的复杂度，不了解面向对象就立即基于它设计程序，极容易出现过度设计的问题。一些对扩展性要求低的场景使用面向对象会徒增编程难度。同时，因为所有的对象数据都是相对独立的，所以面向对象编程的稳定性较差。

面向对象编程常用于需求经常变化的软件和一些中大型项目。如果开发的软件对扩展性的要求非常高，则应优先考虑使用面向对象进行开发。

那么到底什么是面向过程，什么是面向对象呢？简单来说，面向过程就是在上一个步骤的基础上进行合并组装，一步一步完成。面向对象是先把所有组件都凑齐了再进行组装。

例如，你中午要吃黄焖鸡，使用面向过程需要买鸡，买配菜，然后切菜切肉，准备佐料，炒菜，将菜盛到碗里。同样的需求，使用面向对象只需要到出售黄焖鸡的饭店说："老板，来份黄焖鸡。"至于黄焖鸡到底如何制作就不是我们需要关注的了。

## 6.1.2 类与对象

要学习面向对象编程，需要了解它的两个核心概念：类与对象。

类与对象

**1．类**

类即类别、种类，是对一群具有相同特征或行为的事物的统称，是抽象的，不能直接使用。类是一个模板，主要负责创建对象，如"车的设计图"是模板，根据设计图创造出来的车就是具体的对象。

在面向对象的世界里，万物皆对象，对象皆有类。所有东西都可以抽象成是什么、有什么、能做什么等。是什么即类名，有什么即类的特征，能做什么即类的行为。类的特征又被称为属性，类的行为又被称为方法。例如，青蛙的属性有腿、眼睛、嘴巴等，行为有跳、捕食等，而那只坐在井里观天的青蛙就是该类中的一个对象。

类的优点如下：可以把同一类相同的数据与功能存放到类中，而无须对每个对象都保存一份，这样每个对象只需保存自己独有的数据即可，能够极大地节省空间。所以，如果说对象是用来保存数据与功能的容器，那么类就是用来保存多个对象相同的数据与功能的容器。

**2．对象**

万物皆对象，如一朵花、一辆车、一个人都可以看作一个对象。对象是由类创建出来的、具体的实例，从类到对象的过程称为实例化。在对象的创建过程中，对象由哪一个类创建出来，该对象就拥有在那一个类中定义的属性和方法。例如，定义一个关于车的类，定义车的类型、颜色、车牌号为车的属性，定义"车会跑"为车的行为。每个车的对象都拥有这些属性和方法，不同的对象之间属性也可能会有所不同。

总的来说，类和对象的关系如下。

- 先有类，再有对象。
- 类是对象的模板，对象是类的具体实例。
- 类是抽象的，对象是具体的。
- 类只有一个，而对象可以有很多个。
- 每一个对象都是某一个类的实例。

## 6.2 类的定义与使用

使用面向对象开发的程序，最终的结果就是让不同的对象调用不同的方法。在程序开发中要想创建对象，首先要设计类，然后创建类的实例，这个类的实例就是对象，通过对象可以访问类中的属性和方法。那么如何定义并使用类呢？

### 6.2.1 类的定义

**1．类的设计**

在定义类之前，我们需要先分析需求，明确程序中需要包含哪些类。在设计一个类时需要满足3个要素：类名（是什么）、属性（有什么特征）、方法（能做什么）。

类的定义

假设有如下需求。

- 小明今年18岁，读高三，身高170cm，每天早上先学习，然后吃早餐。
- 小强今年19岁，读高三，身高180cm，每天早上先跑步，然后吃早餐。

在这个需求中，小明、小强都属于学生，所以需要设计一个Student类，这个类包含姓名、年龄、年级、身高等属性，学习、跑步、吃是类的行为。所以该类的设计如图6-1所示。

需要注意的是，在设计类名时，一般采用"大驼峰"命名法，即每个单词的首字母大写，单词与单词之间没有下画线。另外，需求中没有涉及的属性或者方法，在设计类时不需要考虑。

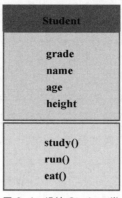

图 6-1　设计 Student 类

### 2. 类的定义

面向对象采用更大的封装，即在一个类中封装多个方法。通过这个类创建的对象可以直接调用这些方法。在 Python 中使用关键字 class 来定义类。其语法如下。

```
class ClassName:
    """类描述"""
    statement
```

- ClassName：用于指定类名，采用"大驼峰"命名法。
- 类描述：位于类定义后首行，格式为独立字符串。定义后通过"<类名>.__doc__"来访问描述内容（"__"为双下画线）。
- statement：类体，主要由属性和方法等定义语句组成。如果在定义类时，没有确定类的具体功能，则也可以在类体中直接使用 pass 语句代替。

📖【例 6-1】定义 Student 类。

本例定义了一个 Student 类，该类的类体使用 pass 语句代替，最终输出类描述和类的类型。

```
class Student:
    """这是对学生类的说明"""
    pass
print(Student.__doc__)    # 输出类描述
print(type(Student))      # 输出类的类型
```

例 6-1 的运行结果如图 6-2 所示。

```
这是对学生类的说明
<class 'type'>
```

图 6-2　定义 Student 类

## 6.2.2　类的实例化

类只是一个模板，并不会真正创建一个对象（即实例）。这就好比汽车的设计图只是一个模板，真正的汽车才是对象。汽车设计图只是告诉我们汽车看上去是怎样的，它本身并不是一辆汽车。我们可以根据汽车设计图制造出很多汽车。那么如何创建对象呢？其语法如下。

类的实例化

```
对象名=类名([参数])
```

注意：这里的参数可写可不写。

📖【例 6-2】定义 Student 类的对象。

本例创建一个 Student 类的对象 Jack，并输出对象的类型。

```
class Student:
    """这是对学生类的说明"""
    print("这是学生类")
Jack=Student()              # 创建对象 Jack
print(type(Jack))           # 输出对象的类型
```

例 6-2 的运行结果如图 6-3 所示。

这是学生类
**<class '__main__.Student'>**

图 6-3  定义 Student 类的对象

对比图 6-2 和图 6-3 可以发现，类的类型是'type'，而对象的类型是'__main__.Student'，这里要注意区分。

## 6.2.3  类的属性

### 1. 属性的定义与调用

类具有模板的作用。因此，在创建类时，可以把必须绑定的属性强制填写进去。这里会用到 Python 的一个内置方法__init__()，又称为构造方法。其语法如下。

类的属性

```
class ClassName:
    def __init__(self,<参数列表>):
        <语句块>
```

注意：__init__()方法的第一个参数必须是 self，表示对象。在__init__()方法中可以只有一个 self 参数，也可以在其后面自定义其他参数，多个参数之间用逗号","隔开。

回顾前文，我们设计了一个 Student 类，它的需求如下。

- 小明今年 18 岁，读高三，身高 170cm，每天早上先学习，然后吃早餐。

- 小强今年 19 岁，读高三，身高 180cm，每天早上先跑步，然后吃早餐。

该类在初始化时有 grade、name、age、height 这 4 个属性，如何在类中定义并调用这些属性呢？下面介绍例 6-3。

📖【例 6-3】定义 Student 类，并初始化类的属性。

本例定义了一个 Student 类，并初始化 grade、name、age、height 这 4 个属性。

```
class Student:
    grade = "高三"
    def __init__(self, name, age, height):
        self.name=name
        self.age=age
        self.height=height

# 对象 stu1、stu2
stu1 = Student("小明",18,"170cm")
stu2 = Student("小强",19,"180cm")
print("年级: ",Student.grade,", 姓名: ",stu1.name,", 年龄: ",stu1.age,", 身
高: "+stu1.height)
    print("年级: ",Student.grade,", 姓名: ",stu2.name,", 年龄: ",stu2.age,", 身
```

```
高: "+stu2.height)
```

前文提到，__init__()方法的第一个参数必须是 self；当只有 self 参数时，实例化对象时不用传递参数，因此对象 stu1 和 stu2 中都没有传入 self 参数。self 参数类似于 Java 中的 this，可以理解成当前对象。例如，创建对象 stu1，在调用时 self 参数就代表 stu1 对象；创建对象 stu2，在调用时 self 参数就代表 stu2 对象。

除了 self 参数外，例 6-3 还设置了 name、age、height 这 3 个形参。所以，在实例化对象时还需要传递对应的实参。例如，stu1 = Student ("小明",18,"170cm")，其中的"小明"、18、"170cm"就是传入的实参。

例 6-3 的运行结果如图 6-4 所示。

年级：高三 ，姓名： 小明 ，年龄： 18 ，身高:170cm
年级：高三 ，姓名： 小强 ，年龄： 19 ，身高:180cm

图 6-4 初始化类的属性

### 2. 类的属性分类

类的属性包括类属性和实例属性。

（1）类属性

在例 6-3 的 Student 类中，有 grade、name、age、height 这 4 个属性。其中，属性 grade 通过变量的形式定义在类的内部，并且存在于方法体外，这种属性称为类属性。类属性是类的属性，由所有对象（如 stu1、stu2 等）共有，类和对象都可以访问。在类外部访问类属性的 2 种方式如下。

```
类名.类属性名
对象名.类属性名
```

例如，在例 6-3 中，可以通过 Student.grade 访问 grade 属性，也可以通过 stu1.grade 访问 grade 属性。前者的访问方法是类名.类属性名，后者的访问方法是对象名.类属性名。

如果要修改类属性，则只能通过"类名.类属性名=新的属性值"这种方法来修改，且修改后该类属性会作用于该类的所有实例中。下面的程序将属性 grade 从"高三"修改为"高二"。

```
Student.grade="高二"
print("年级:"+Student.grade)
# print("年级:"+stu1.grade)
# print("年级:"+stu2.grade)
```

此时输出的 grade 属性的值就是"高二"。

（2）实例属性

实例属性是对象的属性，只能通过对象来访问。例如，在例 6-3 中，__init__()方法中的参数 name、age、height 就是实例属性，它们只能通过对象访问。

在类的外部，访问实例属性的方式如下。

```
对象名.实例属性名
```

在类的内部，实例属性通过"self.实例属性名"的方式来访问。

## 6.2.4 类的方法

方法是在类内部定义的函数。Python 中类的方法主要有 4 种：类方法、实例方法、自由方法、静态方法。

### 1. 类方法

类方法是与类相关的函数，由所有的类和对象共有。其语法如下。

类的方法

```
class ClassName:
    @classmethod
    def functionName(cls,<参数列表>):
        <语句块>
```

- @classmethod 是修饰器，在类方法的定义中必不可少。
- 类方法至少包含一个参数，表示类，一般为 cls，并位于参数的第一个位置。
- functionName 是方法名，一般使用"小驼峰"命名法。
- 使用类方法只能操作类属性和其他类方法，不能操作实例属性和实例方法。

在类外部，访问类方法的 2 种方式如下。

```
类名.类方法名(<参数列表>)
对象名.类方法名(<参数列表>)
```

📖 【例 6-4】类方法的应用。

本例旨在加深读者对类方法的理解。本例定义了一个类，用于计算 2 的 $n$ 次幂。

```
class PowerClass:
    result = 0
    def __init__(self,power):
        self.power = power
        PowerClass.result = 2**power
    # 类方法
    @classmethod
    def getResult(cls):
        return PowerClass.result

# 创建对象
p1 = PowerClass(2)
print("2 的 2 次幂是: ",p1.getResult())    #4
print(PowerClass.getResult())              #4
p2 = PowerClass(3)
print("2 的 3 次幂是: ",p2.getResult())    #8
```

其中，getResult(cls)是类方法，它可以通过类 PowerClass 调用，也可以通过对象 p1 或 p2 调用。例 6-4 的运行结果如图 6-5 所示。

```
2的2次幂是:    4
4
2的3次幂是:    8
```

图 6-5  类方法的应用

## 2. 实例方法

默认情况下，在类中定义的方法一般是实例方法，由各对象共有。实例方法最大的特点是至少包含一个 self 参数，用于绑定调用此方法的对象。其语法如下。

```
class ClassName:
    def functionName(self,<参数列表>):
        <语句块>
```

在类外部，访问实例方法的方式如下。

```
对象名.实例方法名(<参数列表>)
```

下面通过一个简单的例子加深读者对实例方法的理解。

📖 【例 6-5】实例方法的应用。

本例定义了一个 Student 类，类的属性有 name 和 score；定义了一个实例方法 getCount()，用于判断对象的分数是否及格并输出结果。

```
class Student:
    def __init__(self,name,score):
        self.name = name
        self.score = score
    # 实例方法
    def getCount(self):
        if(self.score<60):
            print(self.name+", 不及格，下次继续努力")
        else:
            print(self.name+", 恭喜及格")
# 对象
stu1=Student("小赵",40)
stu2=Student("小宋",70)
# 调用实例方法
stu1.getCount()
stu2.getCount()
```

在 Student 类外部，首先生成两个对象 stu1 和 stu2，然后通过对象名调用实例方法，即 stu1.getCount()和 stu2.getCount()。例 6-5 的运行结果如图 6-6 所示。

小赵，不及格，下次继续努力
小宋，恭喜及格

图 6-6　实例方法的应用

### 3. 自由方法

自由方法是定义在类命名空间中的普通函数。它和函数的区别如下：自由方法定义在类空间（类命名空间）中，而函数定义在程序所在的空间（全局命名空间）中。自由方法由类独有，自由方法中不需要 self 或 cls 参数，也可以没有参数。自由方法只能操作类属性和类方法，不能操作实例属性和实例方法。其语法如下。

```
class ClassName:
    def functionName(<参数列表>):
        <语句块>
```

在类外部，访问自由方法的方式如下。

```
类名.自由方法名(<参数列表>)
```

下面通过一个简单的例子加深读者对自由方法的理解。

📖【例 6-6】自由方法的应用。

本例定义了一个 Duck 类，用于输出鸭子的总数。

```
class Duck:
    count = 0
    # 实例方法
    def __init__(self,name):
        self.name = name
        Duck.count += 1

    # 自由方法
    def getCount():
        print("共有",Duck.count,"只鸭子")
# 创建对象
dk1=Duck("鸭子1号")
dk2=Duck("鸭子2号")
dk3=Duck("鸭子3号")
# 在类外部访问自由方法
Duck.getCount()
```

在本例中，Duck 类中定义了一个实例方法 \_\_init\_\_()，还定义了一个自由方法 getCount()。getCount 没有参数，并且只操作类属性 count。在类外部，程序创建了 3 个对象 dk1、dk2 和 dk3，创建成功后，Duck 类中的 count 为 3。因此，当使用自由方法输出鸭子的总数时，通过类名 Duck 访问自由方法 getCount()，输出的鸭子总数为 3。例 6-6 的运行结果如图 6-7 所示。

共有 3 只鸭子

图 6-7　自由方法的应用

### 4. 静态方法

静态方法是定义在类命名空间中的普通函数，由所有的类和对象共有。在静态方法中不需要 self 或 cls 参数，也可以没有参数。在静态方法中必须使用 @staticmethod 修饰器。静态方法只能操作类属性和其他类方法，不能操作实例属性和实例方法。其语法如下。

```
class ClassName:
    @staticmethod
    def functionName(<参数列表>):
        <语句块>
```

在类外部，访问静态方法的 2 种方式如下。

```
类名.静态方法名(<参数列表>)
对象名.静态方法名(<参数列表>)
```

下面通过一个简单的例子加深读者对静态方法的理解。

📖【例 6-7】静态方法的应用。

本例定义了一个 Duck 类，输出创建的鸭子对象的总数。

```
class Duck:
    count = 0
    # 实例方法
    def __init__(self,name):
        self.name = name
        Duck.count += 1

    # 静态方法
    @staticmethod
    def getCount():
        print("共有",Duck.count,"只鸭子")
# 创建对象
dk1 = Duck("鸭子 1 号")
dk2 = Duck("鸭子 2 号")
# 通过对象名调用静态方法
dk2.getCount()
dk3 = Duck("鸭子 3 号")
# 通过类名调用静态方法
Duck.getCount()
```

本例使用的是静态方法，修饰器是 @staticmethod。静态方法可以通过对象名和类名调用。因此，程序首先创建了两个对象 dk1 和 dk2；然后通过对象 dk2 调用静态方法 getCount()，输出"共有 2 只鸭子"；再创建第 3 个对象 dk3；最后通过类名 Duck 调用静态方法 getCount()，输出"共有 3 只鸭子"。

例 6-7 的运行结果如图 6-8 所示。

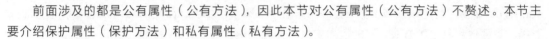

共有 **2** 只鸭子
共有 **3** 只鸭子

图 6-8　静态方法的应用

### 6.2.5　属性与实例方法的访问权限

属性与实例方法的
访问权限

根据访问权限的不同，属性（方法）可以分为公有属性（公有方法）、保护属性（保护方法）、私有属性（私有方法），其区别如下。

- 公有属性（公有方法）：不加下画线的属性（方法），如 name。
- 保护属性（保护方法）：加一条下画线的属性（方法），如_age。
- 私有属性（私有方法）：加两条下画线的属性（方法），如__height。

前面涉及的都是公有属性（公有方法），因此本节对公有属性（公有方法）不赘述。本节主要介绍保护属性（保护方法）和私有属性（私有方法）。

#### 1．属性的访问权限

根据访问权限，类属性可以分为公有类属性、保护类属性、私有类属性；实例属性可以分为公有实例属性、保护实例属性、私有实例属性。

保护类属性和保护实例属性都以单下画线 "_" 开始。保护类属性可以通过 "类名._属性名"或 "对象名._属性名"进行访问。保护实例属性只能通过 "对象名._属性名"进行访问。

私有类属性和私有实例属性都以双下画线 "__" 开始，仅供当前类访问，其子类不能访问。私有类属性和私有实例属性都不能通过 "类名.__属性名"或 "对象名.__属性名"进行访问。私有类属性只能在类的内部被方法访问，私有实例属性可以通过 "对象名._类名__属性名"进行访问。

下面通过一个简单的例子来理解如何定义和访问各种属性。

📖【例 6-8】属性的访问权限。

本例展示了保护类属性、公有实例属性、保护实例属性、私有实例属性等的定义和访问。

```
class Student:
    # 保护类属性
    _school = "XX第一高级中学"
    def __init__(self, name, age, height):
        # 公有实例属性
        self.name=name
        # 保护实例属性
        self._age=age
        # 私有实例属性
        self.__height=height

# 对象 stu1
stu1 = Student("小明",18,"170cm")
# 访问保护类属性
print("学校:"+Student._school)
# 访问公有实例属性
print("姓名: "+stu1.name)
# 访问保护实例属性
print("年龄: "+stu1._age)
# 访问私有实例属性
print("身高: "+stu1._Student__height)
```

在本例中，类是 Student，对象是 stu1。_school 是保护类属性，在类外通过"类名._属性名"（Student._school）进行访问。name 是公有实例属性，在类外通过"对象名.属性名"（stu1.name）进行访问。_age 是保护实例属性，在类外通过"对象名._属性名"（stu1._age）进行访问。__height 是私有实例属性，在类外通过"对象名._类名__属性名"（stu1._Student__height）进行访问。例 6-8 的运行结果如图 6-9 所示。

学校:XX第一高级中学
姓名：小明
年龄： 18
身高： 170cm

图 6-9　属性的访问权限

例 6-8 实现了保护类属性、公有实例属性、保护实例属性、私有实例属性等的访问，但没有涉及私有类属性的定义和访问。此外，私有类属性不能通过"类名.__属性名"或"对象名.__属性名"来访问，否则会报错。那么，应该如何访问私有类属性呢？我们可以借助类方法来访问。

【例 6-9】私有类属性的定义和访问。

本例将展示私有类属性的定义和访问。

```python
class Student:
    # 私有类属性
    __grade="高三"

    # 类方法
    @classmethod
    def getGrade(cls):
        return Student.__grade

# 访问私有类属性
print("年级:",Student.getGrade())
```

本例定义了一个私有类属性__grade 和类方法 getGrade()，在类方法中返回类的私有属性，并通过 Student.getGrade()来访问私有类属性。例 6-9 的运行结果如图 6-10 所示。

年级： 高三

图 6-10　私有类属性的定义和访问

在实际开发过程中，一般通过自定义的 set 方式设置私有实例属性的值，通过自定义的 get 方式获取私有实例属性的值，其应用如例 6-10 所示。

【例 6-10】私有实例属性的设置和获取。

本例将展示私有实例属性__height 的设置和获取。

```python
class Student:
    def __init__(self, height):
        # 私有实例属性
        self.__height=height

    def setHeight(self,height):
        self.__height=height
```

```
    def getHeight(self):
        return self.__height

# 对象stu1
stu1 = Student("")
# 设置私有实例属性的值
stu1.setHeight("170cm")
# 获取私有实例属性的值
print("身高:",stu1.getHeight())
```

例 6-10 的运行结果如图 6-11 所示。

身高: 170cm

图 6-11　私有实例属性的设置和获取

### 2. 实例方法的访问权限

实例方法的访问权限与类属性的访问权限类似，可以分为公有实例方法、保护实例方法和私有实例方法。

保护实例方法以单下画线 "_" 开始，访问时可通过 "对象名._方法名" 进行访问。

私有实例方法以双下画线 "__" 开始，访问时可通过 "对象名._类名__方法名" 进行访问。

📖【例 6-11】实例方法的访问权限。

本例将展示保护实例方法和私有实例方法的定义和访问。

```
class Student:
    # 保护实例方法
    def _getName(self):
        print("小红")
    # 私有实例方法
    def __getName(self):
        print("小明")
# 对象
stu1=Student()
stu2=Student()
# 访问保护实例方法
stu1._getName()
# 访问私有实例方法
stu2._Student__getName()
```

其中，_getName(self)是保护实例方法，__getName(self)是私有实例方法，二者都有参数 self。stu1 和 stu2 是两个对象。通过 stu1._getName()访问保护实例方法，通过 stu2._Student__getName()访问私有实例方法。例 6-11 的运行结果如图 6-12 所示。

小红
小明

图 6-12　实例方法的访问权限

## 6.3　继承

Python 面向对象有三大特征：封装、继承和多态。这 3 个特征的概念是循序渐进的。

首先需要有类的概念，然后对类进行封装，隐藏对象的属性和实现细节，只提供必要的方法，调用时不用关心对象的内部细节，简化对外交互。例如，一辆汽车内部有发动机、底盘、电器设备等，结构极其复杂，而驾驶员不需要了解它的内部细节。汽车制造商将汽车封装起来，对外提供一些"接口"，如方向盘、启动按钮等，使得驾驶车辆变得简单。在 Python 中可通过"私有属性、私有方法"的方式实现"封装"。

有了封装之后，类与类之间就会有继承关系，子类可以继承父类的特性，提高代码的重用性。例如，大熊猫与动物之间，大熊猫是一种动物，具有动物的几乎全部特征和行为。在面向对象中，动物是一般类，被称为"父类"；大熊猫是特殊类，被称为"子类"。特殊类拥有一般类的全部特征和行为，称为子类继承父类。

有了继承后，进而有了多态的概念。多态指对象可以表现出多种形态，具体是指，在完成某个行为时，不同的对象会产生不同的状态。

本节将重点讲解什么是继承、继承的基本语法、方法重写等相关内容。

### 6.3.1　继承简介

在 Python 面向对象的设计中，继承是指多个类之间的所属关系，是实现"代码复用"的重要手段。

继承简介

继承是一种创建新类的方式，如果一个新类继承自一个已有类，则直接具备已有类的特征，并允许在此基础上对已有类的方法进行重写、对已有类的内容进行扩展和调用。其中，已有类被称为"父类"或者"基类"，新类被称为"子类"或者"派生类"。

总的来说，继承有以下几个特点。

- 子类继承父类，那么子类可以使用父类中除私有成员之外的所有东西。
- 子类可以在父类的基础上增加新的功能，或者进行重写。
- 一个子类可以有一个或多个父类。

### 6.3.2　继承的基本语法

Python 支持单继承和多继承。单继承是指一个子类只继承自一个父类。多继承是指一个子类同时继承自多个父类。

继承的基本语法

#### 1．单继承

单继承的基本语法如下。

```
class ChildClassName(ParentClassName):
    statement
```

- ChildClassName 表示子类类名。
- ParentClassName 表示要继承的父类类名。
- statement 是类体。

下面介绍单继承的简单的应用。

📖【例 6-12】单继承的应用。

在《西游记》中，孙悟空在拜唐僧为师之前，有一位师父叫菩提祖师。孙悟空在菩提祖师那里学会了七十二变、筋斗云等本领。本例用 Python 先定义一个父类 MasterPuti，它有一个 skill 属性和一个 fighting()方法，再定义一个子类 Apprentice，使其继承 MasterPuti 类的属性和方法。

```
class MasterPuti():
    """定义一个父类"""
    def __init__(self):
        self.skill = ['七十二变', '筋斗云']
```

```
        def fighting(self):
            print("使用技能",self.skill)
class Apprentice(MasterPuti):
    """定义一个子类"""
    pass

# 创建一个对象
wukong = Apprentice()
print(wukong.skill)
wukong.fighting()
```

在子类 Apprentice 中使用了 pass 语句，未定义任何属性和方法。那么，子类 Apprentice 就会继承父类 MasterPuti 的非私有属性和方法。此后，创建了一个对象 wukong，输出 wukong 的属性 skill 和方法 fighting()。例 6-12 的运行结果如图 6-13 所示。

['七十二变', '筋斗云']
使用技能 ['七十二变', '筋斗云']

图 6-13 单继承的应用

### 2. 多继承

多继承的基本语法如下。

```
class ChildClassName(ParentClassName1,ParentClassName2,...):
    statement
```

- ChildClassName 表示子类类名。

- ParentClassName1、ParentClassName 2 等表示要继承的父类类名，子类可以有多个父类，类之间用逗号隔开。

- statement 是类体。

需要注意的是，在多继承中，如果不同父类中有同名的属性和方法，那么在使用子类进行调用时，会默认使用第一个父类的属性和方法。

下面对多继承做简单介绍。在《西游记》中，孙悟空被压在五指山下很多年后，遇到了第二位恩师唐僧，唐僧教会了孙悟空成长。例 6-13 对例 6-12 进行修改，使其由单继承变成多继承。

📖【例 6-13】多继承的应用。

本例将展示多继承的应用。本例在例 6-12 的基础上增加一个父类 MasterTang，并将子类 Apprentice 改为多继承。

```
class MasterPuti():
    """定义父类 MasterPuti"""
    def __init__(self):
        self.skill=['七十二变', '筋斗云']

    def fighting(self):
        print("使用技能",self.skill)

class MasterTang():
    """定义父类 MasterTang"""
    def __init__(self):
        self.skill="成长"

    def fighting(self):
        print("学会了",self.skill)
```

```
class Apprentice(MasterPuti,MasterTang):
    """定义一个子类"""
    pass

# 创建一个对象
wukong=Apprentice()
print(wukong.skill)
wukong.fighting()
```

子类 Apprentice 继承了两个父类 MasterPuti 和 MasterTang。这两个父类定义了相同的属性 skill 和方法 fighting()。调用子类后，例 6-13 的运行结果如图 6-14 所示。

['七十二变', '筋斗云']
使用技能 ['七十二变', '筋斗云']

图 6-14　多继承的应用

从运行结果可以看出，当两个父类的属性和方法同名时，子类默认使用第一个父类 MasterPuti 的属性和方法。

如果需要子类使用第二个父类 MasterTang 的属性和方法，应该怎么做呢？其实很简单，只需在定义子类时，将子类的继承关系中的第二个父类 MasterTang 写在前面即可，也就是将例 6-13 中的 class Apprentice(MasterPuti,MasterTang)改成 class Apprentice（MasterTang,MasterPuti）。此时再运行程序，例 6-13 的运行结果如图 6-15 所示。

成长
学会了 成长

图 6-15　子类调用第二个父类的方法和属性

### 6.3.3　方法重写

方法重写

继承可以使子类拥有父类的所有非私有属性和方法，但是当子类对继承自父类的某个属性或方法不满意时，可以在子类中对其方法体进行重新编写，这就是方法重写。

重写父类的方法有以下两种情况。

- 覆盖父类方法。
- 对父类方法进行扩展。

**1．覆盖父类方法**

如果子类的方法实现与父类的完全不同，则可以使用覆盖的方式对父类的方法进行重写。其实现方式是在子类中定义与父类中同名的方法。

📖【例 6-14】覆盖父类方法。

本例介绍方法重写的简单应用。定义一个父类 Animal，它有一个 bark()方法。再定义一个子类 Dog，其继承自父类 Animal，并重写父类的 bark()方法。

```
class Animal():
    def bark(self):
        print("动物叫……")

class Dog(Animal):
    # 覆盖父类的方法：在子类中定义和父类中同名的方法
    def bark(self):
        print("汪汪汪……")
```

```
# 创建对象
xiaoTianQuan=Dog()
# 调用方法
xiaoTianQuan.bark()
```

例 6-14 的运行结果如图 6-16 所示。

汪汪汪……

图 6-16 覆盖父类方法

从运行结果可以看出，在子类中重写父类的方法后，使用对象调用该方法时，只会调用子类中重写的方法，而不再调用父类中原本的方法。

### 2. 对父类方法进行扩展

如果父类的方法不能满足子类的需求，则可以对父类方法进行扩展，即在原有方法的基础上增加额外的功能。其实现方式如下。

① 在子类中定义和父类同名的方法。

② 使用 super()调用在父类中封装的方法。

③ 在子类中编写子类特有的代码。

其中，super 类是 Python 中的一个特殊类，super()会创建一个 super 类的对象。

【例 6-15】使用 super()对父类方法进行扩展。

本例使用 super()对父类方法进行扩展。首先定义一个父类 Animal，其有一个 bark()方法，再定义一个子类 Dog，其继承自父类 Animal，并在父类的 bark()方法的基础上进行扩展。

```
class Animal():
    def bark(self):
        print("动物叫……")

class Dog(Animal):
    # 在子类中定义和父类中同名的方法
    def bark(self):
        # 使用 super()调用父类中封装的方法
        super().bark()
        print("汪汪汪……")

# 创建对象
xiaoTianQuan=Dog()
# 调用方法
xiaoTianQuan.bark()
```

本例使用 super().bark()来调用父类中的方法，这行代码的输出是"动物叫……"。print（"汪汪汪……"）是扩展语句，其输出是"汪汪汪……"。例 6-15 的运行结果如图 6-17 所示。

动物叫……
汪汪汪……

图 6-17 使用 super()对父类方法进行扩展

除了可以使用 super()调用父类中封装的方法外，还可以使用"父类名.方法名()"在子类中调用父类中同名的方法。

> 📖 【例 6-16】使用"父类名.方法名()"对父类方法进行扩展。
>
> 本例对例 6-15 进行修改,使用"父类名.方法名()"来调用父类中的方法 bark()。
>
> ```
> class Animal():
>     def bark(self):
>         print("动物叫……")
>
> class Dog(Animal):
>     # 在子类中定义和父类中同名的方法
>     def bark(self):
>         # 使用"父类名.方法名()"来调用重写后父类中同名的方法
>         Animal.bark(self)
>         print("汪汪汪……")
>
> # 创建对象
> xiaoTianQuan=Dog()
> # 调用方法
> xiaoTianQuan.bark()
> ```
>
> 例 6-16 的运行结果和例 6-15 的相同。

需要注意的是,在使用"父类名.方法名()"调用父类方法时,必须填写参数 self,否则会报错。在实际开发中一般不推荐使用"父类名.方法名()"这种形式。因为一旦父类名或者子类继承的父类发生变化,该方法调用的类名就需要同时修改。另外,应尽量避免混合使用"父类名.方法名()"和 super() 这两种方式。

点和圆

## 🔍 技能实训

### 实训 6 点和圆

**[实训背景]**

判断点和圆的关系(点在圆内还是圆外),设计一个同心圆类和一个点类。同心圆有一个实例属性——半径;两个类属性——圆心横坐标和圆心纵坐标。点有两个实例属性——横坐标和纵坐标。

**[实训目的]**

① 掌握 Python 中类、实例属性、类属性等相关用法。

② 掌握类的常用实现方法。

**[核心知识点]**

• 类的定义。

• 类属性、实例属性。

**[实现思路]**

① 用户输入一个点的坐标( $x_1, y_1$ )作为同心圆的圆心。

② 用户输入两个值( r_min 和 r_max )作为限定半径的范围。

③ 在给出的半径范围内,程序随机生成两个值作为同心圆半径,这两个值不显示出来。

④ 用户输入一个点的坐标( $x_2, y_2$ ),程序判断这个点的位置。

⑤ 如果点在随机生成的两个圆中间,则得 2 分。

⑥ 如果点在最小圆内或最大圆外,则得 0 分;其他情况得 1 分。

⑦ 输出具体值和分数。

**[实现代码]**

本实训的实现代码如例 6-17 所示。

📖【例 6-17】点和圆。

```python
import random as r
import math as m

class point():
    def __init__(self, a, b):
        self.x, self.y = a, b

    def getposition(self):
        return  self.x, self.y

    def setposition(self, a, b):
        self.x, self.y = a, b

    def __str__(self):
        return str(self.x) + ',' + str(self.y)

class circle(point):
    x = 10
    y = 10

    def __init__(self, a):
        super().__init__(circle.x, circle.y)
        self.r = a
    def getcenter():
        return circle.x, circle.y
    def moveto(a, b):
        circle.x, circle.y = a, b
    def inside(self, p):
        distance = m.sqrt((p.x - circle.x)**2 + (p.y - circle.y)**2)
        if distance <= self.r:
            return True
        else:
            return False
    def __str__(self):
        return '圆心: ' + str(circle.x) +',' + str(circle.y) + ',' + '半径:
' + str(self.r)
    def main():
        center_x, center_y = eval(input("请给出圆心位置(如: 10,10): "))
        r_min, r_max = eval(input("再给出一个半径的范围(如: 3,8): "))
        mypoint_x, mypoint_y = eval(input("请输入自选点坐标(如: 10,10): "))

        circle.moveto(center_x, center_y)
        rand_r1 = r.uniform(r_min, r_max)
        rand_r2 = r.uniform(rand_r1,r_max)
        circle1 = circle(rand_r1)
        circle2 = circle(rand_r2)
        circle_min = circle(r_min)
        circle_max = circle(r_max)
        mypoint=point(mypoint_x,mypoint_y)

        print('随机生成的圆是: ')
        print(circle1)
        print(circle2)
        print('你给出的点是: ')
        print(mypoint)

        if circle_min.inside(mypoint) or not circle_max.inside(mypoint):
            print('啊? 得 0 分! 需要加油哟! ')
        elif circle1.inside(mypoint) == (not circle2.inside(mypoint)):
```

```
        print('恭喜你得2分! 你太棒啦! ')
    else:
        print('恭喜你得1分! 你真厉害! ')

main()
```

[运行结果]

例 6-17 的运行结果如图 6-18 所示。

```
请给出圆心位置(如: 10,10): 0,0
再给出一个半径的范围(如: 3,8): 3,8
请输入自选点坐标(如: 10,10): 5,0
随机生成的圆是:
圆心: 0,0,半径: 3.5771922854472726
圆心: 0,0,半径: 7.53711394652424
你给出的点是:
5,0
恭喜你得2分! 你太棒啦!
```

图 6-18  点和圆

**133**

## 模块小结

本模块为 Python 面向对象，主要介绍了面向对象的相关概念和特征。其主要内容包括类与对象相关概念、类的定义和实例化、类的属性和方法、继承的基本语法、方法重写等。本模块核心知识点总结如下。

（1）类和对象的关系：先有类，再有对象；类是对象的模板，对象是类的具体实例；类是抽象的，对象是具体的。

（2）定义类时使用 class 关键字，类名采用"大驼峰"命名法。通过"对象名 = 类名（[参数]）"来创建对象。

（3）类的属性包含类属性和实例属性。类属性在类的内部、方法体外，类和对象都可以访问。实例属性是对象的属性，只能由对象来访问。

（4）Python 中类的方法主要有 4 种：类方法、实例方法、自由方法、静态方法。其中，类方法的修饰器为 @classmethod，静态方法的修饰器为 @staticmethod。

（5）属性和方法都可以分为公有、保护和私有三类。不加下画线的属性（方法）是公有属性（公有方法）。加一条下画线的属性（方法）是保护属性（保护方法）。加两条下画线的属性（方法）是私有属性（私有方法）。

（6）Python 中的一个子类可以继承自一个父类，也可以同时继承自多个父类。在子类中重写父类的方法后，使用对象调用该方法时，只会调用子类中重写的方法，而不再调用父类中原本的方法。如果要调用父类中原本的方法，则可以通过 super() 来实现。

## 拓展知识

在 Python 的类中，以双下画线"__"开始和结尾的成员（属性和方法），都被称为类的特殊成员（特殊属性和特殊方法）。例如，类的 __init__() 方法就是一个典型的特殊方法。

除此之外，还有\_\_del\_\_()、\_\_str\_\_()、\_\_call\_\_()等。这里重点介绍\_\_del\_\_()析构方法。

构造方法\_\_init\_\_()在对象被创建的时候自动调用，而析构方法\_\_del\_\_()用于在销毁实例时回收资源。

【例 6-18】析构方法的应用。

本例通过创建和销毁矩形，展示构造方法\_\_init\_\_()和析构方法\_\_del\_\_()的使用。

```python
class Rectangle:
    def __init__(self,number,width,height):
        self.n = number
        self.w = width
        self.h = height
        print("编号为",self.n,"的矩形被创建了! ")

    def __del__(self):
        print("编号为",self.n,"的矩形被销毁了! ")
        #__del__()是析构方法，代码运行到本行会自动销毁矩形，不用显式地编写代码

rect1 = Rectangle(1, 800, 600)

def func():
    rect2 = Rectangle(2,1024,768)

func()

del rect1     #del 可以显式地销毁对象。有没有此语句，运行结果都一样
```

\_\_del\_\_()是析构方法，它的名称是固定的。例 6-18 的运行结果如图 6-19 所示。

编号为 **1** 的矩形被创建了！
编号为 **2** 的矩形被创建了！
编号为 **2** 的矩形被销毁了！
编号为 **1** 的矩形被销毁了！

图 6-19　析构方法的应用

分析运行结果可以发现：构造方法是在实例被创建时调用的。析构方法的调用有两个位置。编号为 1 的矩形在执行"del rect1"时被销毁了，比较直观。编号为 2 的矩形没有显式地调用\_\_del\_\_()方法进行销毁，但它的销毁语句在使用 func()函数创建矩形后就被输出了。也就是说，它的生命周期就在 func()函数内。func()函数执行完毕后，它的生命周期就结束了，也已经被销毁了。所以，rect2 实例的析构方法在退出 func()函数时被隐式调用了，这是析构方法被调用的第二个位置。

知识巩固

**1. 选择题**

（1）创建类的写法正确的是（　　）。

　　A．class superMan():　　　　　　　B．class superman():

　　C．class SuperMan():　　　　　　　D．class Superman():

（2）在 Python 定义的类中，类的构造函数一般定义为（　　）。

　　A．\_\_init\_\_()　　　　　　　　　　B．\_init\_()

    C. 与类同名函数               D. Constructor

（3）（多选）下列语句描述正确的是（     ）。

    A. 先有类再有对象

    B. 在__init__()方法中，参数 self 是必需的，可以写在任意位置

    C. 私有类属性可以通过"类名.__属性名"来访问

    D. 在继承关系中，子类可以在父类的基础上增加新的功能，或者进行重写

### 2. 简答题

（1）请简述面向对象和面向过程的区别。

（2）举例说明类属性和实例属性的区别。

（3）请简述继承的特点。

### 3. 操作题

（1）定义一个 Person 类，它包含属性 age、name、gender，以及方法 run()。创建一个对象，并调用方法 run()。

（2）如何重写父类中的方法，以及在重写后仍能调用父类中原有的方法？请以代码举例说明。

## 综合实训

    在日常生活中，抽奖活动非常常见。本实训使用本节所学知识设计一个抽奖活动，奖品为各类品牌的汽车。

**[实训考核知识点]**

- 继承。
- 循环结构。

**[实训参考思路]**

① 定义一个汽车类 Car，属性是汽车的类别。

② 定义 3 个子类，分别继承汽车类 Car 的属性。

③ 当用户按任意键后开始抽奖。

**[实训参考运行结果]**

抽奖活动的参考运行结果如图 6-20 所示。

```
按任意键开始抽奖 2
按恭喜你抽中了宝马
按任意键开始抽奖 5
恭喜你抽中了玛莎拉蒂
按任意键开始抽奖 ↑↓ for history. Search history with c-↑/c-↓
```

图 6-20　抽奖活动的参考运行结果

# 模块7
# Python高级知识

07

## 学习目标

**知识目标**

1. 了解正则表达式的基本概念，掌握正则表达式中常用字符的使用方式；
2. 掌握正则表达式 re 模块的常用方法；
3. 理解线程、进程、并发、并行等概念；
4. 掌握创建线程的方式；
5. 理解线程锁的相关概念。

**技能目标**

1. 能够正确使用正则表达式操作字符；
2. 能够在 Python 中创建线程。

**素质目标**

1. 培养对新技术、新知识的学习能力；
2. 树立保护环境的意识和社会责任感。

## 情景引入

在实际的软件项目开发中，程序员除了需要具备基本的开发语言技能外，还需要掌握项目开发的高级技能。本模块主要介绍正则表达式（Regular Expression）和多线程的应用，并为读者后续的学习储备必要的知识技能。

## 知识准备

Python 的高级知识主要包括正则表达式的基本概念、使用 re 模块实现正则表达式、线程、线程锁等。

## 7.1 正则表达式

当我们浏览网站时，有时需要使用手机号或邮箱进行注册。但是，用户的输入行为可能很难控制。例如，正确的手机号应该是以 1 开头且第二位是 3~9 的 11 位数字，但用户有可能会输入中文、英文、特殊符号或者超过 11 位的数字等，此时就需要校验用户的输入是否正确。校验过程需要使用正则表达式。正如在工业生产中使用的模具一样,正则表达式定义了一种规则去匹配符合规则的字符。

### 7.1.1 基本概念

正则表达式是由字符和特殊符号组成的一种模式字符串,它能够用来匹配符合该模式的字符串。

Python 的 re 模块拥有全部正则表达式功能。如果要在程序中使用正则表达式,则需要在文件中导入 re 模块,即运行"import re"语句。

本节将介绍正则表达式中的常用字符。

**基本概念**

#### 1. 元字符

元字符是正则表达式中的特殊符号,用于匹配字符串中的模式。这些特殊符号表示了它们前面的字符或字符集如何重复以匹配字符串中的内容。常见的元字符如表 7-1 所示。

**表 7-1 常见的元字符**

| 元字符 | 描述 |
|--------|------|
| . | 匹配除换行符之外的任意单个字符 |
| \| | 匹配符号前或符号后的字符 |
| [] | 匹配方括号内的任意字符,每个字符是"或"的关系 |
| [^] | 匹配除了方括号内的任意字符,即方括号内字符集合的补集 |
| {m,n} | 匹配 num 个花括号之前的字符,其中 $m \leqslant num \leqslant n$ |
| (abc) | 字符集,匹配与 abc 完全相同的字符串,每个字符是"与"的关系 |
| * | 匹配*前的字符重复 0 次或无限次 |
| + | 匹配+前的字符重复 1 次或无限次 |
| ? | 匹配?前的字符重复 0 次或 1 次 |
| ^ | 从字符串开始位置进行匹配 |
| $ | 从字符串结束位置进行匹配 |

(1)"."和"|"

"."可以匹配除换行符之外的任意单个字符,"|"可以匹配符号前或符号后的字符。这两个字符的应用如下。

```
import re
str1='h&o23\n_w dow'
print(re.findall('.',str1))
print(re.findall('2|w',str1))
```

re.findall('.',str1)表示在 str1 字符串中查找除换行符(\n)之外的任意单个字符,所以会输出['h', '&', 'o', '2', '3', '_', 'w', ' ', 'd', 'o', 'w']。

re.findall('2|w',str1)表示在 str1 字符串中查找"2"或"w",所以会输出['2', 'w', 'w']。

(2)"[]"和"[^]"

"[]"可以匹配方括号内的任意字符,"[^]"可以匹配除了方括号内的任意字符。这两个字符的应用如下。

● 获取字符串中的某个范围内的数字。

```
str2='今 3 天天 5 气真 1 好 8 呀 6'
# 获取 2~6 的所有数字,包含 2 和 6
```

```
print(re.findall('[2-6]',str2))
# 获取除了 2～6 以外的所有字符
print(re.findall('[^2-6]',str2))
```

运行结果如下。

```
['3', '5', '6']
['今', '天', '天', '气', '真', '1', '好', '8', '呀']
```

需要注意的是，[]和[^]内除了可以填写数字外，还可以填写英文字母。其中，数字为 0～9，字母为 a～z 或 A～Z。

- 获取以某个字符开始或结束的字符串。

```
str3='acb,arb,aeb,ayb'
# 获取以 a 开始、b 结束，中间为 c 或 e 的字符
print(re.findall('a[ce]b',str3))
# 获取以 a 开始、b 结束，中间不是 c 或 e 的字符
print(re.findall('a[^ce]b',str3))
# 获取以 a 开始、b 结束，中间是 c～r 的字符
print(re.findall('a[c-r]b',str3))
```

运行结果如下。

```
['acb', 'aeb']
['arb', 'ayb']
['acb', 'arb', 'aeb']
```

（3）"{m,n}"

因为 re.findall()返回的都是单个字符，所以想要获取字符串中的单词时，可以使用元字符{m,n}。{m,n}的应用如下。

```
# 数量词
str4='Study hello123\n_word45rt 猪八戒'
# 提取所有的小写字母
print(re.findall('[a-z]',str4))
# 提取所有的字母，包含大写字母和小写字母
print(re.findall('[a-zA-Z]',str4))
# 提取单词，数量词中的第一个数字表示单词至少包含几个字母，第二个数字表示最多包含几个字母
print(re.findall('[a-zA-Z]{3,5}',str4))
print(re.findall('[a-zA-Z]{2}',str4))
```

运行结果如下。

```
['t', 'u', 'd', 'y', 'h', 'e', 'l', 'l', 'o', 'w', 'o', 'r', 'd', 'r', 't']
['S', 't', 'u', 'd', 'y', 'h', 'e', 'l', 'l', 'o', 'w', 'o', 'r', 'd', 'r', 't']
['Study', 'hello', 'word']
['St', 'ud', 'he', 'll', 'wo', 'rd', 'rt']
```

（4）"( abc )"

"( abc )"可以匹配与 abc 完全相同的字符串。注意()与[]的区别，[]中的每个字符是"或"的关系，而()中的每个字符是"与"的关系。其应用如下。

```
str5='axbcxyadabc'
# 抓取有 a、b、c 的字符
print(re.findall('[abc]',str5))
# 抓取有 abc 的字符
print(re.findall('(abc)',str5))
```

运行结果如下。

```
['a', 'b', 'c', 'a', 'a', 'b', 'c']
['abc']
```

（5）"*" "+" "?"

"*"表示匹配*前的字符重复 0 次或无限次；"+"表示匹配+前的字符重复 1 次或无限次；"?"表示匹配?前的字符重复 0 次或 1 次。这 3 个字符的应用如下。

```
str6='sty42 styll3style'
```

```
# *前的字符重复 0 次或无限次
print(re.findall('styl*',str6))
# +前的字符重复 1 次或无限次
print(re.findall('styl+',str6))
# 模糊查询：?前的字符重复 0 次或 1 次
print(re.findall('styl?',str6))
```

运行结果如下。

```
['sty', 'styll', 'styl']
['styll', 'styl']
['sty', 'styl', 'styl']
```

（6）"^"和"$"

"^"可以从字符串开始位置进行匹配，"$"可以从字符串结束位置进行匹配。这两个字符的应用如下。

```
# 边界匹配^和$
str7='12345678901344b'
# 从头开始匹配 11 位数字
print(re.findall('^[0-9]{11}',str7))
# 从结尾开始匹配 11 位数字
print(re.findall('[0-9]{11}$',str7))
```

运行结果如下。

```
['12345678901']
[]
```

因为 str7 字符串的结束位置是字母，所以从结束位置匹配不到数字，匹配结果为空。此外，"^"和"$"这两个字符也可以用来限定开始位置和结束位置。

### 2. 特殊字符

特殊字符是使用一个特定的字符串代表一类字符的集合。常见的特殊字符如表 7-2 所示。

**表 7-2　常见的特殊字符**

| 特殊字符 | 描述 |
|---|---|
| \d | 匹配数字，相当于[0-9] |
| \D | 匹配所有非数字的字符，相当于[^0-9] |
| \w | 匹配中文、数字、英文、下画线 |
| \W | 匹配特殊字符，如&、$、空格、\n、\t 等 |
| \s | 匹配空白字符，包括空格、\n、\t 等 |
| \S | 匹配所有非空白字符，与\s 的作用相反 |

接下来介绍这些特殊字符的简单应用，以加深读者理解。

📖【例 7-1】特殊字符的简单应用。

本例展示了表 7-2 中各个特殊字符的简单应用。

```
import re
str8="py12thon 780"

# '\d'提取所有数字
print(re.findall('\d',str8))

# '\D'提取所有非数字
print(re.findall('\D',str8))

str9='h&o1_23\t 你好\n'

# '\w'用来匹配中文、数字、英文、下画线
```

```
    print(re.findall('\w',str9))

    # '\W'用来匹配特殊字符，如&、$、空格、\n、\t 等
    print(re.findall('\W',str9))

    # '\s'用来匹配空白字符，包括空格、\n、\t 等
    print(re.findall('\s',str9))

    # '\S'用来匹配所有非空白字符，与'\s'的作用相反
    print(re.findall('\S',str9))
```

例 7-1 的运行结果如下。

```
['1', '2', '7', '8', '0']
['p', 'y', 't', 'h', 'o', 'n', ' ']
['h', 'o', '1', '_', '2', '3', '你', '好']
['&', '\t', ' ', '\n']
['\t', ' ', '\n']
['h', '&', 'o', '1', '_', '2', '3', '你', '好']
```

### 7.1.2  使用 re 模块实现正则表达式

使用 re 模块实现
正则表达式

Python 中的 re 模块提供了很多正则表达式相关的方法。表 7-3 所示为 re 模块的常用方法。

**表 7-3  re 模块的常用方法**

| 方法 | 描述 |
| --- | --- |
| search() | 在字符串中搜索及返回第一个匹配成功的字符串，并返回 Match 对象，否则返回 None |
| match() | 从字符串的开始位置进行匹配，如果匹配成功，则返回 Match 对象，否则返回 None |
| fullmatch() | 匹配整个字符串，如果匹配成功，则返回 Match 对象，否则返回 None |
| findall() | 从字符串任意位置查找该字符串中匹配正则表达式的所有子串，并返回一个列表 |
| finditer() | 从字符串任意位置查找，返回一个迭代器，每个迭代元素都是 Match 对象 |
| split() | 将字符串按照正则表达式匹配结果进行分割，并返回分割后的列表 |
| sub() | 在字符串中替换所有匹配正则表达式的子串，并返回替换后的字符串 |
| compile() | 编译正则表达式，并返回一个 Pattern 对象 |

（1）search()

search(pattern,string,flags)用于在一个字符串中搜索及返回第一个匹配成功的字符串，并返回 Match 对象，否则返回 None。该方法中的 3 个参数的含义如下。

- pattern：表示匹配的正则表达式。
- string：表示要匹配的字符串。
- flags：可选的标志位修饰符，用于控制正则表达式的匹配方式。常见的标志位修饰符如表 7-4 所示。

**表 7-4  常见的标志位修饰符**

| 标志位修饰符 | 描述 |
| --- | --- |
| re.I | 忽略字母大小写 |
| re.M | 多行匹配，影响^和$ |
| re.S | 使用字符点 "." 匹配包括换行的所有字符 |
| re.A | 根据 ASCII 解析\w、\W、\b、\B 等字符 |

下面介绍 search()的简单应用。

```
import re

print(re.search('A','red_abc'))
print(re.search('A','red_abc',re.I).span())
#span 用来获取匹配的组的开始位置和结束位置
```

上述代码表示在字符串"red_abc"中匹配"A"。在默认匹配模式下匹配到的是小写字母"a"，而无法匹配到大写字母"A"，因此，第一条 print()语句会输出 None。但是，在忽略字母大小写标志位修饰符(re.I)的情况下，可以匹配到大写字母，因此，第二条 print()语句会输出匹配的"a"第一次出现的位置。运行结果如下。

```
None
 (4, 5)
```

如果要获取匹配后的字符串，则可以使用 group()。例如，将上面代码中的 print(re.search('A', 'red_abc', re.I).span())改为 print(re.search('A', 'red_abc', re.I).group())，那么其输出的结果就是"a"。

（2）match()

match（pattern,string,flags）用于从字符串的开始位置进行匹配，如果匹配成功，则返回 Match 对象，否则返回 None。其参数的含义与 search()的相同，这里不赘述。match()的应用如下。

```
import re

print(re.match('python','hello_python'))
print(re.match('hello','hello_python').span())
```

在第一条 print()语句中，由于"python"不位于字符串"hello_python"的开始位置，匹配失败，因此输出为 None。

在第二条 print()语句中，由于"hello"位于字符串"hello_python"的开始位置，匹配成功，因此输出为（0,5）。

从上面两个例子可以看出 search()和 match()的不同：search()是在整个字符串中查找，直到匹配成功；match()只匹配以给定的正则表达式开始的字符串。

但是，search()和 match()具有相似点，二者返回的都是 Match 对象。Match 对象的属性和方法分别如表 7-5 和表 7-6 所示。

表 7-5　Match 对象的属性

| 属性 | 描述 |
| --- | --- |
| string | 待匹配的字符串 |
| re | 当前使用的正则表达式对象 |
| pos | 正则表达式搜索字符串的开始位置 |
| endpos | 正则表达式搜索字符串的结束位置 |

表 7-6　Match 对象的方法

| 方法 | 描述 |
| --- | --- |
| start() | 匹配字符串在原字符串中的开始位置 |
| end() | 匹配字符串在原字符串中的结束位置 |
| span() | 匹配区域，返回匹配的开始位置和结束位置 |
| group() | 获取匹配后的字符串 |

下面对 Match 对象的属性和方法进行综合应用，如例 7-2 所示。

**【例 7-2】** Match 对象的属性和方法的综合应用。

```
import re

text='Python is a programming language'
match=re.search('is',text)
# 待匹配的字符串
print(match.string)            # 输出 Python is a programming language
# 使用的正则表达式
print(match.re)                # 输出 re.compile('is')
# 搜索字符串的开始位置
print(match.pos)               # 输出 0
# 搜索字符串的结束位置
print(match.endpos)            # 输出 32
# 字符串 is 在原字符串中的开始位置
print(match.start())           # 输出 7
# 字符串 is 在原字符串中的结束位置
print(match.end())             # 输出 9
# 字符串 is 在原字符串中的开始位置和结束位置
print(match.span())            # 输出 (7,9)
# 获取字符串 is
print(match.group())           # 输出 is
```

（3）fullmatch()

fullmatch（pattern,string,flags）用于匹配整个字符串，如果匹配成功，则返回 Match 对象。但是该方法要求整个字符串与正则表达式完全匹配，否则返回 None。

例如，print(re.fullmatch('hello','hello_python'))中，虽然原字符串中有 hello，但是它不是完全匹配，所以仍会返回 None。但如果是 print(re.match('hello','hello_python').span())，则会返回'hello'出现的开始位置和结束位置。

（4）findall()、finditer()

search()、match()和 fullmatch()的相同点如下：它们查找的都是一个匹配项。事实上，使用 re 模块还可以查找多个匹配项，如使用 findall()和 finditer()方法。

findall(pattern,string,flags)用于在字符串中找到正则表达式所匹配的所有子串，并返回一个列表。如果有多个匹配项，则返回一个列表；如果没有匹配项，则返回空列表。该方法查找的是多个匹配项。其应用如下。

```
import re
print(re.findall('\d','2e929ru3566'))
```

前面提到，"\d"用来匹配数字，相当于[0-9]。因此，上述程序是想找出 0～9 中的所有数字，并将这些匹配项以列表形式输出。运行结果如下。

```
['2', '9', '2', '9', '3', '5', '6', '6']
```

finditer(pattern,string,flags)用于从字符串任意位置查找，返回一个迭代器，每个迭代元素都是 Match 对象。其应用如下。

```
import re
n=re.finditer('\d+','2e929ru3566')
for match in n:
    print(match.group())
```

其中，'+'代表要匹配'+'前的字符出现 1 次或无限次；"\d"用于匹配 0～9 中的数字，因此，re.finditer('\d+','2e929ru3566')指匹配 0～9 中的数字出现 1 次或无限次；n 用于返回一个可调用的迭代器。采用 for 循环，输出每次迭代查找到的匹配项。运行结果如下。

```
2
929
3566
```

（5）split()

split(pattern,string[,maxsplit],[flags])方法用于使用给定的正则表达式寻找分割字符串的位置，返回包含分割后子串的列表；如果匹配失败，则返回一个包含原字符串的列表。

其中，参数 maxsplit 是可选项，表示分割次数，默认值为 0，表示不限次数。maxsplit=1 表示分割 1 次。

split()的应用如下。

```
import re

# 在数字处分割字符串，不限次数
print(re.split('\d+', 'first 111 python, second 222 Hive'))
# 在数字处分割字符串，分割 1 次
print(re.split('\d+', 'first 111 python, second 222 Hive', 1))
# 在字母 a 处分割字符串，匹配失败，返回原字符串
print(re.split('a', 'first 111 python, second 222 Hive'))
```

运行结果如下。

```
['first ', ' python, second ', ' Hive']
['first ', ' python, second 222 Hive']
['first 111 python, second 222 Hive']
```

（6）sub()

sub(pattern,repl,string[,count,flags])用于在字符串中替换所有匹配正则表达式的子串，并返回替换后的字符串。

其中，参数 repl 表示要替换的字符串，也可以为一个函数；参数 count 表示匹配后替换的最大次数，该参数为可选项；count 的默认值为 0，表示替换所有的匹配项。

sub()方法的应用如下。

```
import re

print(re.sub('\W+','、','张三 & 李四 & 张三 & 李四'))
```

在上述代码中，参数 pattern 为'\W+'，"\W"用于匹配特殊字符，如&、$、空格、\n、\t 等，这条语句中的匹配项是'&'和空格，'+'用于匹配+前的字符出现 1 次或无限次；参数 repl 为'、'，表示使用'、'替换原有的'&'和空格；参数 string 为'张三 & 李四 & 张三 & 李四'；参数 count 为默认值，即替换所有的匹配项。运行结果如下。

```
张三、李四、张三、李四
```

在上述代码中，如果将参数 count 的值设置为 1，则表示只替换第一个出现的匹配值，即修改代码如下。

```
import re

print(re.sub('\W+','、','张三 & 李四 & 张三 & 李四', 1))
```

运行结果如下。

```
张三、李四 & 张三 & 李四
```

（7）compile()

compile（pattern[,flags]）用于编译正则表达式，并返回一个 Pattern 对象，这个对象可以调用其他方法来完成匹配。compile()的应用如下。

```
import re

regex=re.compile('(ab)')
```

```
print(regex.search('xyahb_abe').span())
```
运行结果如下。
```
(6, 8)
```

## 7.2 多线程

在现实生活中，如果同一时刻只做一件事，则将极大地浪费时间。为了提高效率，人们往往同时处理多件事，如边打电话边走路、边唱歌边跳舞、边听课边做笔记等。

在程序开发中，也需要在同一时间内同时执行多个任务，即多任务操作。

实现多任务操作有两种方式：一种是在一个应用程序内使用多个进程，每个进程负责完成一部分工作；另一种是将多个任务分给一个进程内的多个线程。

那么，什么是进程，什么是线程呢？

### 7.2.1 多线程相关概念

#### 1. 进程和线程

进程和线程的关系正如宿舍和室友的关系。进程就像容器，一个进程就像是一间宿舍，在一间宿舍中可以有多名室友，这些室友就是一个个线程。宿舍（进程）中的空间和资源（如卫生间、洗澡间等）是所有室友（多个线程）所共享的。

在计算机中，CPU 是核心；操作系统就像是一个"大管家"，它负责调度任务、分配和管理资源；应用程序则运行在操作系统之上。

一个运行的程序就是一个进程，如计算机上打开的浏览器、聊天工具、文件等都是进程。进程是系统进行资源分配和调度的独立单位，每个进程都拥有自己的地址空间、内存、数据等，各个进程之间相互独立，不共享资源。当创建一个新的进程之后，将开辟一块新的内存空间供新的进程使用。

线程是操作系统能够调度运算的最小单位，依赖进程而存在。线程是进程的一个实体。一个进程至少有一个线程，这个线程称为主线程。同一个进程中的多个线程可以共享该进程拥有的全部资源。创建一个新的线程，相当于在主线程上增加一个分支。

进程和线程的关系如图 7-1 所示。

图 7-1 进程和线程的关系

总的来说，线程和进程的区别如下。

- 线程必须在进程中执行。一个进程可以有一个或多个线程。
- 进程与进程之间互相独立，资源不共享。
- 同一个进程的所有线程共享该进程的所有资源。
- 在 CPU 上运行的是线程。

#### 2. 并行和并发

多任务操作可以充分利用 CPU 资源，提高程序的执行效率。多任务操作的实现有两种方式：多进程和多线程。多进程是实现并行的有效手段，多线程是实现并发的有效手段。

多线程相关概念

并行和并发的区别如图 7-2 所示。

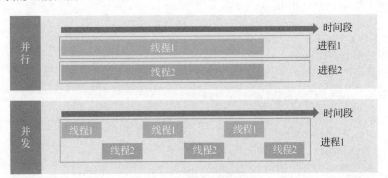

图 7-2  并行和并发的区别

并行是指同一时刻可以处理多个任务。并行可以充分利用多个 CPU，将多个任务分配到不同的 CPU 上，从而实现同一时刻处理多个任务。但是，当只有一个 CPU 时，多进程无法实现并行。

并发是指处理多个任务时，轮流让各个任务交替执行，不间断地工作。例如，任务 1 执行 0.1s；切换到任务 2，任务 2 执行 0.1s；切换到任务 3……但实质上任意时刻只有一个任务在执行，只是因为 CPU 切换速度太快用户根本无法察觉，所以看起来像是在同时执行多个线程。当有多个 CPU 时，多个线程可以实现并行。如果只有一个 CPU，则多个线程只能轮流执行，实现并发。

### 7.2.2  创建线程

进程是分配资源的基本单位，线程则是能够独立运行和支持操作系统进行独立调度的最小单位。由于在创建线程时不需要重新分配系统资源，创建线程的代价比创建进程的代价要小得多，因此，使用多线程实现多任务并发执行效率更高。Python 内置了多线程功能支持，简化了多线程编程。

创建线程

那么如何来创建线程呢？

Python 提供 thread、threading 等模块来进行线程的创建与管理。thread 模块提供基本的线程和线程锁的支持，threading 模块则提供级别更高、功能更强的线程管理的功能，因此通常使用 threading 模块来创建线程。

创建线程的方法主要有两种：一种是通过 threading.Thread() 来创建线程；另一种是通过自定义类来继承 Thread 类以创建线程，即自定义线程。

#### 1. 通过 threading.Thread() 创建线程

（1）创建线程

创建线程可以分为以下 3 步。

第 1 步：在程序中导入 threading 模块。

第 2 步：通过线程类 Thread 创建线程对象。threading.Thread() 创建线程的语法如下。

```
threading.Thread(name='Thread-x',target=None,args=(),kwargs={},daemon=None)
```

- name：线程名，默认以 "Thread-x" 命名。
- target：线程的目标函数。
- args：目标函数的参数，与 kwargs 参数只能存在一个。
- kwargs：目标函数的参数，与 args 参数只能存在一个。
- daemon：用来设置线程是否随主线程的退出而退出。

第 3 步：通过 "线程对象名.start()" 启动线程。

📖 【例 7-3】使用 threading.Thread()创建多线程。

本例介绍使用 threading.Thread()创建多线程的步骤。

```
# 第1步：导入 threading 模块
import threading
import time

#定义线程的目标函数
def walk(n):
    for i in range(n):
        print("正在走路……",i)
        # 线程阻塞，释放资源，执行上下文，记录状态
        time.sleep(0.1)
def call(m):
    for i in range(m):
        print("正在打电话……",i)
        # 阻塞状态，释放资源，执行上下文，记录状态
        time.sleep(0.1)
def eat(k):
    for i in range(k):
        print("吃东西……",i)
        # 阻塞状态，释放资源，执行上下文，记录状态
        time.sleep(0.1)

# 第2步：创建线程对象。多线程中每个线程轮流执行
t1=threading.Thread(target=walk,args=(5,))
t2=threading.Thread(target=call,args=(5,))
t3=threading.Thread(target=eat,args=(5,))

# 第3步：启动线程
t1.start()
t2.start()
t3.start()
```

本例创建了 3 个线程 t1、t2 和 t3。其中，walk()为线程 t1 的目标函数，call()为线程 t2 的目标函数，eat()为线程 t3 的目标函数。args=(5,)为目标函数的参数，也就是 for i in range(5)，共循环 5 次。线程创建完成后，通过 t1.start()、t2.start()、t3.start()来启动这 3 个线程。例 7-3 的运行结果如图 7-3 所示。

```
正在走路…… 0                        正在走路…… 0
正在打电话…… 0                      正在打电话…… 0
吃东西…… 0                          吃东西…… 0
正在打电话……正在走路…… 1            正在走路…… 1
吃东西…… 1                          正在打电话…… 1
 1                                  吃东西…… 1
正在打电话……吃东西…… 2              正在走路…… 2
正在走路…… 2                        正在打电话…… 2
 2                                  吃东西…… 2
正在打电话……吃东西…… 3              正在走路…… 3
正在走路…… 3                        吃东西……正在打电话…… 3
 3                                   3
正在打电话…… 4                      正在走路…… 4
吃东西……正在走路…… 4                吃东西…… 4
 4                                  正在打电话…… 4
                                     4
      （a）结果 1                            （b）结果 2
```

图 7-3　通过 threading.Thread()创建线程

图 7-3（a）和图 7-3（b）均为例 7-3 中程序运行后的随机结果，可以看出，程序在运行过程中，多个线程之间是循环交替执行的，但执行的顺序是随机的。

如果想让某个线程先执行，其他线程等待该线程执行结束后再执行，则可以使用 join()。例如，在例 7-3 中 t1.start()这行代码后添加一句 t1.join()，使 t1 成为第一个执行的线程。其运行结果如图 7-4 所示，可以发现，最先输出的是线程 t1 的"正在走路……"。

```
正在走路…… 0
正在走路…… 1
正在走路…… 2
正在走路…… 3
正在走路…… 4
正在打电话…… 0
吃东西…… 0
正在打电话……吃东西…… 1
 1
正在打电话…… 2
吃东西…… 2
正在打电话……吃东西…… 3
 3
正在打电话…… 4
吃东西…… 4
```

图 7-4 添加 join()后的运行结果

（2）线程的生命周期

线程从创建到结束的过程是一个生命周期，如图 7-5 所示。

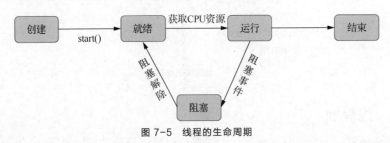

图 7-5 线程的生命周期

线程创建完成后，调用 start()使线程进入就绪状态，等待 CPU 分配资源，谁先分配到 CPU 资源，谁就开始执行，即进入运行状态。

由于某些特殊情况，如调用 wait()、sleep()等，一个正在执行的线程会暂时中止执行，进入阻塞状态，并让出 CPU 的使用权，供另一个线程使用；当阻塞状态被解除后，该线程才可以进入就绪状态。此外，每个线程都有自己的 CPU 寄存器，即线程的上下文，该上下文反映了线程上次执行时的 CPU 寄存器的状态。因此，当线程进入阻塞状态后，就会记录当前的运行状态（即进度），供下次执行线程时读取。

如果线程正常执行完毕，或者线程被提前强制终止执行，抑或出现异常情况导致线程执行结束，线程就会被销毁，释放资源。

**2．自定义线程**

自定义线程时需要创建一个类并继承 Thread 类，在创建的类中必须重写 run()。自定义线程的应用如例 7-4 所示。

📖【例 7-4】自定义线程的应用。

本例先自定义了 MyThread 类，其继承了 Thread 类的方法和属性，再在 MyThread 类中重写 run()，并创建两个线程 t1 和 t2，最后启动线程。

```
import time
from threading import Thread

# 自定义类 MyThread，并继承 Thread 类
class MyThread(Thread):
    # 重写 run()
    def run(self):
        for i in range(5):
            print(self.name,'正在打印',i)
            time.sleep(0.1)
# 创建线程
t1=MyThread()
t2=MyThread()
# 启动线程
t1.start()
t2.start()
```

例 7-4 的运行结果如图 7-6 所示。

```
Thread-1 正在打印 0
Thread-2 正在打印 0
Thread-2 正在打印 1Thread-1
正在打印 1
Thread-2Thread-1 正在打印   正在打印 2
2
Thread-2Thread-1   正在打印 3
正在打印 3
Thread-2Thread-1 正在打印   4
正在打印 4
```

图 7-6  自定义线程的应用

## 7.2.3  线程锁

如果有多个线程在一个进程中运行，则这些线程可以使用进程中的同一个资源。但是，在资源共享时，可能会出现一些错误。下面通过一个例子来说明资源共享存在的问题。

线程锁

📖【例 7-5】使用多线程实现多窗口售票。

本例采用多线程实现多窗口售票。线程的目标函数为 sellTicket()。售票窗口共有两个，对应两个线程 t1 和 t2。ticket 是全局变量，初始值为 10，表示共有 10 张票。两个售票窗口轮流出售这 10 张票，每售出一张，就输出剩余的票数。

```
import threading
import time
# 多个线程共享一个全局变量
ticket = 10

def sellTicket():
    global ticket
    for i in range(ticket):
        if ticket > 0:
```

```
                    time.sleep(1)
                    ticket -= 1
                    print('{}卖出一张票,还剩{}张。'.format(threading.current_thread().
name,ticket))
            else:
                    print(threading.current_thread().name+'票已卖完。')
                    break

    t1=threading.Thread(target=sellTicket,name='窗口1')
    t2=threading.Thread(target=sellTicket,name='窗口2')
    t1.start()
    t2.start()
```

例 7-5 的运行结果如图 7-7 所示。

窗口1卖出一张票,还剩9张。窗口2卖出一张票,还剩8张。

窗口1卖出一张票,还剩7张。窗口2卖出一张票,还剩6张。

窗口1卖出一张票,还剩5张。窗口2卖出一张票,还剩4张。

窗口2卖出一张票,还剩3张。窗口1卖出一张票,还剩2张。

窗口1卖出一张票,还剩1张。窗口2卖出一张票,还剩0张。
窗口2票已卖完。

窗口1票已卖完。

（a）结果 1

窗口2卖出一张票,还剩9张。窗口1卖出一张票,还剩8张。

窗口2卖出一张票,还剩7张。窗口1卖出一张票,还剩6张。

窗口1卖出一张票,还剩5张。
窗口2卖出一张票,还剩4张。
窗口1卖出一张票,还剩3张。
窗口2卖出一张票,还剩2张。
窗口1卖出一张票,还剩1张。
窗口2卖出一张票,还剩0张。
窗口2票已卖完。
窗口1卖出一张票,还剩-1张。
窗口1票已卖完。

（b）结果 2

图 7-7　使用多线程实现多窗口售票

图 7-7 列举了两种不同的运行结果。图 7-7（a）所示为售票结束后显示剩余 0 张票,图 7-7（b）所示为售票结束后显示剩余-1 张票。图 7-7（b）所示的结果显然不符合实际情况,正确的应该是图 7-7（a）所示的结果。那么为什么会出现这样的问题呢?

这是因为线程切换导致数据不同步。如图 7-7（b）所示,开始时有 10 张票,线程 2 进行售票工作线程 2 执行完并进入等待状态时,系统认为剩下 9 张票,然后线程 1 开始工作并在出售 1 张票后进入等待状态。当线程 2 重新开始执行时,系统会认为剩下的票数仍是 9,但此时实际上只有 8 张票,以此类推,到最后一步时,线程 1 上一次剩下的票数是 1,系统认为还剩下 1 张票,但是实际上票数已经是 0 了,所以线程 1 执行后就是-1。

例 7-5 是线程安全问题。如果处理不当,就会发生意外。为了避免出现这种情况,可以使用线程锁,也就是给需要访问的共享资源加上一把锁。只有获得线程锁的线程才能对数据进行操作。同一时刻只能有一个线程获得线程锁,其他线程只能等待。这样就避免出现多个线程同时修改一份数据的情况。

线程锁由 Python 的 threading 模块提供,那么,如何给线程加锁呢? 例 7-6 展示了线程锁的应用。

📖【例 7-6】线程锁的应用。

本例在例 7-5 的基础上增加了线程锁。首先,使用 threading 模块中的 Lock 类创建一个锁对象 lock。其次,在需要修改数据的地方使用锁对象 lock 的 acquire()来加锁,修改完成后通过锁对象 lock 的 release()来解锁。

```
import threading
import time
```

```
# 创建锁对象
lock = threading.Lock()
# 多个线程共享一个全部变量
ticket = 10

def sellTicket():
    global ticket
    for i in range(ticket):
        # 加锁
        lock.acquire()
        if ticket > 0:
            time.sleep(0.1)
            ticket -= 1
            # 解锁
            lock.release()
            print('{}卖出一张票，还剩{}张'.format(threading.current_thread().
name,ticket))
        else:
            lock.release()
            print(threading.current_thread().name+'票已卖完')
            break

t1=threading.Thread(target=sellTicket,name='窗口 1')
t2=threading.Thread(target=sellTicket,name='窗口 2')
t1.start()
t2.start()
```

例 7-6 的运行结果如图 7-8 所示。

窗口1卖出一张票，还剩9张
窗口2卖出一张票，还剩8张
窗口1卖出一张票，还剩7张
窗口2卖出一张票，还剩6张
窗口1卖出一张票，还剩5张
窗口2卖出一张票，还剩4张
窗口1卖出一张票，还剩3张
窗口2卖出一张票，还剩2张
窗口1卖出一张票，还剩1张
窗口2卖出一张票，还剩0张
窗口1票已卖完
窗口2票已卖完

图 7-8  线程锁的应用

加锁之后，无论怎么运行都不会出现票数为负的情况。

通过例 7-6 可以看出：多线程能够提高系统的输入/输出性能，但可能会出现一些不可预见的问题。为了避免出现这种问题，需要使用线程锁来控制线程之间的并发访问。

 **技能实训**

### 实训 7.1　处理学生信息

处理学生信息

**[实训背景]**

在生活中，信息的统计无处不在，如学生姓名、班级、性别等信息的统计，或者公司员工家庭住址、联系方式等信息的统计等。对于统计得到的信息，有时并不具有想要的格式效果，此时就需要对信息进行处理。本实训以处理学生信息为例，旨在让读者理解并掌握正则表达式的使用，达到学以致用的效果。

**[实训目的]**

① 掌握 Python 中正则表达式的用法。

② 熟悉 Python 中文件操作的常用方式。

③ 熟悉列表的常用操作。

**[核心知识点]**

- 正则表达式。
- 文件操作。

**[实现思路]**

① 从文件中读取信息并写入列表。

② 将数据按以下顺序整理：班级、学号、姓名、性别、手机号。

③ 将整理后的数据重新写入文件。

④ 在文件中插入数据头。

**[实现代码]**

有一个学生信息文件，文件内容粘贴自不同学生通过微信发送的个人信息，信息如下。

```
男 电信 1606 班 殷杨涛_04161564 152****1854
电信 1606 班_徐杭 女 04161703 152****1855
04161571-152****1856-男-电信 1601 班-朱佳展
04161559 张云鹤    152****1857 电信 1607 班    男
男 04161596 羡天基 152****1858 电信 1602 班
04161619_电信 1607 班_武鹏飞_152****1859_男
04161562欧炘晓    152****1860 男    电信 1603 班
男    那宸玮    152****1861 04161626    电信 1607 班
152****1862,电信 1607 班,罗贯宇,04161574,男
电信 1601 班_男_152****1863_刘腾博_04161569
04161560,男 电信 1607 班,刘佳童    152****1864
04161640,电信 1607 班,男,梁涛,152****1865
李熠_152****1866_男_电信 1602 班_04161572
```

由于信息来自不同的学生，格式不统一。有的用逗号分隔信息，有的用空格分隔信息，还有的用下画线分隔信息等。此外，信息的顺序也不同。但信息内容比较统一，一行为一位学生的信息，其中只包含班级、学号、姓名、性别、手机号这 5 项，只是格式和顺序不固定。现在需要编写一个程序，用正则表达式解析每一条信息，然后整理文件并转换成固定的格式，如用逗号分隔信息，效果如下所示。

```
班级, 学号, 姓名, 性别, 手机号
电信 1606 班, 04161564, 殷杨涛, 男, 152****1854
电信 1606 班, 04161703, 徐杭, 女, 152****1855
```

最后，输出文件，以.csv 作为扩展名。实训 7.1 的实现代码如例 7-7 所示。

📖 【例 7-7】处理学生信息。

本例展示了处理学生信息的详细步骤。首先，使用 open()函数以二进制格式和只读方式打开包含学生原始信息的文件"附件.txt"，使用 read()函数以 UTF-8 编码方案读取文件，并按行读取，将数据存储在列表 info_list 中。其次，使用 string.punctuation 获取所有标点符号，使用正则表达式将数据按照班级、学号、姓名、性别、手机号的顺序进行整理，再使用 insert()函数在列表 info_list 中插入数据头。最后，将整理后的数据重新写入文件"整理后学生信息.csv"。

```python
import re
import string

def main():
    #从文件中读取学生原始信息并写入列表
    with open('附件.txt','rb') as f:
        info_list = f.read().decode('utf-8').split('\n')

    fuhao = string.punctuation

    #将数据按照以下顺序进行整理：班级、学号、姓名、性别、手机号
    re_class = re.compile(r'电信\d{4}?班')
    re_id = re.compile(r'\d{8}?')
    re_name = re.compile(r'[^电信\d{4}班%s\s]\s][\u4e00-\u9fa5]+'%(fuhao))
    re_sex = re.compile('男|女')
    re_phone = re.compile(r'\d{11}?')

    for n in range(0,len(info_list)):
        class_info = re_class.search(info_list[n]).group()
        id_info = re_id.search(info_list[n]).group()
        name_info = re_name.search(info_list[n]).group()
        sex_info = re_sex.search(info_list[n]).group()
        phone_info = re_phone.search(info_list[n]).group()
        info_list[n] = f'{class_info},{id_info},{name_info},{sex_info},
{phone_info}'

    #插入数据头
    info_list.insert(0,'班级,学号,姓名,性别,手机号')

    #将整理后的数据重新写入文件
    with open('整理后学生信息.csv','w') as f:
        for line in info_list:
            f.write(line+'\n')
main()
```

[运行结果]

例7-7的运行结果如图7-9所示。

| 班级 | 学号 | 姓名 | 性别 | 手机号 | |
|------|------|------|------|--------|---|
| 电信1606班 | 04161564 | 殷杨涛 | 男 | 152****1854 | |
| 电信1606班 | 04161703 | 徐杭 | 女 | 152****1855 | |
| 电信1601班 | 04161571 | 朱佳辰 | 男 | 152****1856 | |
| 电信1607班 | 04161559 | 张云鹤 | 男 | 152****1857 | |
| 电信1602班 | 04161596 | 羡天基 | 男 | 152****1858 | |
| 电信1607班 | 04161619 | 武鹏飞 | 男 | 152****1859 | |
| 电信1603班 | 04161562 | 欧炘晓 | 男 | 152****1860 | |
| 电信1607班 | 04161626 | 郡宸玮 | 男 | 152****1861 | |
| 电信1607班 | 04161574 | 罗贯宇 | 男 | 152****1862 | |
| 电信1601班 | 04161569 | 刘腾博 | 男 | 152****1863 | |
| 电信1607班 | 04161560 | 刘佳童 | 男 | 152****1864 | |
| 电信1607班 | 04161640 | 梁涛 | 男 | 152****1865 | |
| 电信1602班 | 04161572 | 李燦 | 男 | 152****1866 | |

图7-9　处理学生信息

## 实训7.2　检测空气质量

[实训背景]

检测空气质量

随着经济社会和工业化进程的不断发展和加快，环境污染问题越来越受到重视。保护环境，人人有责。环境污染主要分为空气污染、土壤污染、水污染、食品污染等。其中，空气污染会直接影响人类的生存。因此，检测空气质量是保护环境必不可少的基础性工作。本实训以检测空气质量为例，展示使用Python多线程检测空气质量的方法。

[实训目的]

① 掌握 Python 多线程的实现方法及队列的使用方法。

② 熟悉 Python 中使用 random 模块求随机数的方法。

③ 了解 Python 中标准输出的控制方法。

[核心知识点]

- 多线程。
- 使用 random 模块求随机数。

[实现思路]

编写线程同步的模拟应用程序，模拟使用计算机读取空气环境传感器数据，显示温度、湿度和风速，数据用随机数生成。

① 使用温度、湿度、风速 3 个传感器获取空气环境数据。

② 每个传感器测量环境数据都需要 3s。

③ 计算机每隔 1s 读取一次数据并将其显示出来。

[实现代码]

实训 7.2 的实现代码如例 7-8 所示。

📖【例 7-8】检测空气质量。

本例联合使用多线程和 random 模块获取并显示温度、湿度和风速数据。其中，queue 是 Python 中的队列标准库。对于多线程环境，Python 提供 queue.Queue 类来确保线程安全。queue.Queue 用于在线程间进行数据交换，保证数据的安全性和一致性。多线程之间的数据是共享的，但在多个线程间进行数据交换时，需要注意线程安全问题，避免资源竞争和数据不一致现象。使用 queue.Queue 可以有效解决这些问题。

本例使用 randint() 在给定的温度（或湿度）范围内产生一个随机数作为新的温度（或湿度），并使用 put() 把温度（或湿度）数据插入队列中。使用 choice() 从风速列表 weed_speeds 中随机选择一个值，并使用 put() 把这个风速值插入队列中。

本例通过创建队列、创建线程、启动线程，轮流从 3 个传感器中获取空气环境数据，并对数据进行显示。

```python
import time,random,threading,queue

temperature_high = 37
temperature_low = 20
humidity_high = 90
humidity_low = 10
weed_speeds = ['无风','一级','二级','三级','四级','五级']

#创建队列
data_q = queue.Queue(3)

#获取温度数据
def gottempdata():
    while 1:
        time.sleep(3)
        temp = random.randint(temperature_low, temperature_high)
        data_q.put((1, temp))

#获取湿度数据
def gothumdata():
    while 1:
```

```
            time.sleep(3)
            hum = random.randint(humidity_low, humidity_high)
            data_q.put((2, hum))

#获取风速数据
def gotwsdata():
    while 1:
            time.sleep(3)
            ws = random.choice(weed_speeds)
            data_q.put((3, ws))

#创建 3 个线程
detect_temp = threading.Thread(target=gottempdata)
detect_hum  = threading.Thread(target=gothumdata)
detect_ws   = threading.Thread(target=gotwsdata)

cur_temp = '-'
cur_hum  = '-'
cur_ws   = '-'

print('开始检测空气环境……')
print('温度\t 湿度\t 风速')
detect_temp.start()
detect_hum.start()
detect_ws.start()

while 1:
    time.sleep(1)
    d = data_q.get()
    if d[0] == 1:
        cur_temp = str(d[1])
    elif d[0] == 2:
        cur_hum = str(d[1])
    elif d[0] == 3:
        cur_ws = str(d[1])
    s = '\r'+cur_temp+'\t'+cur_hum+'\t'+cur_ws
    print(s,flush=True)
```

[运行结果]

例 7-8 的运行结果如图 7-10 所示。

```
开始检测大气环境...
温度 湿度 风速
-    83   -
-    83   五级
28   83   五级
37   83   五级
37   83   五级
37   34   五级
37   41   五级
37   41   四级
20   41   四级
```

图 7-10   检测空气质量

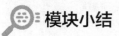 模块小结

本模块为Python高级知识，主要介绍了正则表达式和多线程等相关内容。本模块的核心知识点总结如下。

（1）正则表达式由元字符和特殊符号组成。在查找功能中，正则表达式用于匹配具有相同规律的一系列字符串。

（2）元字符是代表字符重复规则的特殊符号，每个符号表示它前面的字符或字符集如何重复才符合查找规则。

（3）re是Python中实现正则表达式查找的模块，常用方法包括search()、match()、findall()等。

（4）在Python中，可以通过threading模块实现多线程。

（5）创建线程一般使用threading中的Thread类。有两种使用方案，一种是在Thread类中直接传入要运行的方法（即目标函数）；另一种是从Thread类继承得到自定义类，并在自定义类中重写run()。

（6）多线程能够提高系统的输入/输出性能，但可能会出现一些不可预见的问题。为了避免出现这些问题，需要使用线程锁来控制线程之间的并发访问。

## 拓展知识

threading 模块中的锁按照功能划分为如下几类。

① 同步锁：lock，一次只能执行一个线程，只有当该线程被解锁时才会将执行权通过系统调度交给其他线程。

② 递归锁：rlock，它是同步锁的一个升级版本，一次只能执行一个线程。但是相对于同步锁，递归锁可以连续多次使用 acquire()和 release()。需要注意的是，加锁次数和解锁次数需一致，否则会出现死锁现象。

③ 条件锁：condition，可以自由设定一次放行线程的数量。条件锁在递归锁的基础上增加了能够暂停线程运行的功能。

④ 事件锁：event，一次放行全部线程，要么暂停全部线程，要么同时执行全部线程。

⑤ 信号量锁：semaphore，在某个时刻可以允许许多个线程同时访问某个资源。

## 知识巩固

### 1. 选择题

（1）下列选项中，不是正则表达式中的预设特殊字符的是（    ）。

  A. "\d"　　　　　　B. "\n"　　　　　　C. "\w"　　　　　　D. "\S"

（2）下列选项中，在正则表达式中的元字符用于匹配行尾的是（    ）。

  A. "~"　　　　　　B. "^"　　　　　　C. "$"　　　　　　D. "#"

（3）如果从列表['010-88765332','0516-68683636888','4008808888','13800138000', '88665599', '0477-1234567']中匹配所有包含区号的固定电话号码，则下列正则表达式正确的是（    ）。

  A. 0\d{2,3}-\d{7,8}'　　　　　　　　　　B. 0\d{2,3}-\W{7,8}'

C. 0\W{2,3}-\W{7,8}'     D. 0\W{2,3}-\d{7,8}'

（4）操作系统能够进行运算调度的最小单位是（  ）。

  A. 程序    B. 进程     C. 线程     D. 代码

（5）下列选项中，用于启动一个线程的方法是（  ）。

  A. run()    B. start()    C. join()    D. begin()

（6）下列关于进程与线程之间的关系中，描述正确的是（  ）。

  A. 一个线程中可以有多个进程

  B. 一个进程中可以有多个线程

  C. 一个线程中至少有一个进程

  D. 一个进程中可以没有线程

## 2. 简答题

请简述使用 Python 实现多线程的两种方式。

## 3. 操作题

请编写相关代码，用两种方式实现多线程。

# 综合实训

在 D 盘中有一个文件夹 files，文件夹中有一些文件。请使用多线程将这些文件复制到 D 盘的文件夹 word 下，并计算总耗费的时间。

**[实训考核知识点]**

- 多线程。
- 文件操作。

**[实训参考思路]**

① 自定义一个线程进行文件复制。

② 复制一个文件，启用一个线程并计算耗时。

**[实训参考运行结果]**

多线程复制文件的参考运行结果如图 7-11 所示。

开始复制...
复制完成！
多线程复制耗时： 0.0038175582885742188 s

图 7-11 多线程复制文件的参考运行结果

# 模块8
# Python科学计算库

08

## ⚙ 学习目标

### 知识目标

1. 理解 NumPy 的安装、特点和数组属性；
2. 掌握使用 NumPy 创建数组、数组索引、数组切片、数组重塑等基本操作；
3. 掌握 NumPy 常用数值计算函数；
4. 理解 SciPy 的概念、特点及常用模块；
5. 掌握 SciPy 常量模块 constants 的基本使用方法；
6. 理解 pandas 的概念、特点；
7. 掌握 pandas 核心数据结构 Series 和 DataFrame 的使用方法；
8. 掌握 pandas 常用数据分析函数；
9. 理解数据可视化的概念、特性及可视化图表的分类；
10. 掌握 Python 可视化图库 Matplotlib 的基本操作。

### 技能目标

1. 能够正确使用 NumPy 进行数组和矩阵的存储和基本处理；
2. 能够正确使用 NumPy 的常用数值计算函数；
3. 能够正确使用 pandas 核心数据结构 Series 和 DataFrame；
4. 能够正确使用 pandas 常用数据分析函数；
5. 能够正确使用 Matplotlib 绘制常用图表。

### 素质目标

1. 培养严谨、缜密的数据分析思维；
2. 提升跨学科应用能力、数学应用能力和科学素养。

## 🔍 情景引入

　　Python虽然已经广泛应用于GUI开发、网络爬虫、Web开发等领域，但是目前的主要应用方向还是科学计算。Python拥有很多独有的且非常成熟的科学计算库，包括NumPy、SciPy、pandas、Matplotlib等。使用这些库，可以快速、高效地完成其他编程语言很难完成的工作。

### 知识准备

Python 擅长进行科学计算和数据分析。使用 Python 进行科学计算和数据分析需要掌握 NumPy 数值计算库、SciPy 科学计算库、pandas 数据分析库、Matplotlib 可视化图库的基本使用方法。

## 8.1 NumPy 数值计算库

NumPy 是 Python 中专门用于数值计算的库。因为该库中的许多底层函数是用 C 语言编写的，所以它的运算速度比原生 Python 快得多。本节主要内容包括 NumPy 简介、NumPy 基本操作、NumPy 矩阵运算和 NumPy 常用数值计算函数。

### 8.1.1 NumPy 简介

NumPy 很像魔方，它的核心是一个高性能的多维数组，以及处理这个数组的强大工具集。NumPy 图标如图 8-1 所示。

NumPy 简介

图 8-1 NumPy 图标

#### 1. 安装 NumPy

NumPy 是 Python 中的一个库，因此可以使用基本的包管理工具 pip 进行安装。

```
C:\WINDOWS\system32>pip install numpy
```

Anaconda 具有强大的包管理与环境管理功能，Anaconda 安装好后，默认包含 NumPy。此时，如果使用 "conda list" 命令进行查看，则可查看 NumPy 的版本，如图 8-2 所示。

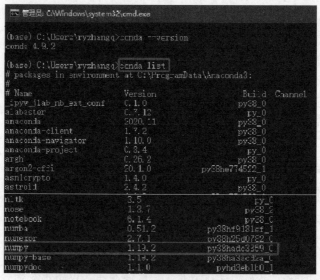

图 8-2 查看 NumPy 的版本

如果 Anaconda 中没有 NumPy，则可以使用 "conda install numpy" 命令进行安装。

```
conda install numpy
```

本节使用 Anaconda 自带的 Jupyter Notebook 讲解 NumPy 数值计算库的相关操作和函

数。Jupyter Notebook 如图 8-3 所示。

**2. NumPy 的特点**

NumPy 是 Python 数据分析的四大"利器"之一。它是以数组（矩阵）为基础的数值计算库，可以存储和处理大型矩阵。NumPy 的特点如下。

- NumPy 有一个强大的 N 维数组对象 ndarray。
- NumPy 支持大量的数据运算。
- NumPy 支持调用 C 语言、C++、Fortran 编写的代码。
- NumPy 是 SciPy、pandas、scikit-learn、TensorFlow 等框架的基础库。

图 8-3 Jupyter Notebook

**159**

**3. NumPy 的计算速度**

NumPy 支持常见的数组操作。对于同样的数值计算任务，使用 NumPy 比直接使用 Python 要快得多，如例 8-1 所示。

【例 8-1】Python 和 NumPy 计算耗时对比。

本例使用 Python 和 NumPy 对同一个列表求和，并对比二者的计算耗时情况。

```python
import random
import time
import numpy as np
# 生成 100 万个随机小数
list_a = []
for i in range(1000000):
    list_a.append(random.random())

# 计算使用 Python 求和的耗时
start = time.time_ns()
result1= sum(list_a)
end = time.time_ns()
print("Python 计算耗时:", end-start, "纳秒！")

# 计算使用 NumPy 求和的耗时
arr_a = np.array(list_a)
start = time.time_ns()
result2 = np.sum(arr_a)
end = time.time_ns()
print("NumPy 计算耗时:", end-start, "纳秒！")
```

在这个例子中，首先通过 for 循环和 random 模块生成 100 万个 0～1 之间的随机小数，并使用 append()函数将其放到列表中。其次使用 Python 的 sum()函数对这 100 万个小数进行求和，并统计所用时间，这里使用的时间单位是纳秒。最后使用 NumPy 的 sum()函数进行求和，并统计所用时间。例 8-1 的运行结果如图 8-4 所示。

**Python**计算耗时: 3989900 纳秒！
**NumPy**计算耗时: 2023300 纳秒！

图 8-4 Python 和 NumPy 计算耗时对比

通过图 8-4 可以发现：NumPy 的计算效率要高于原生 Python 的计算效率。

**4. NumPy 数组**

从例 8-1 可以看到，NumPy 最基础的操作是建立一个 array 对象，array 对象是 NumPy 的核心。array 对象是 ndarray 类型的对象，它是 NumPy 中的一个类，拥有表 8-1 所示的 NumPy 数组属性。

### 表 8-1　NumPy 数组属性

| 数组属性 | 描述 |
| --- | --- |
| shape | 数组形状 |
| ndim | 数组维数 |
| size | 数组中元素的数量 |
| itemsize | 数组中元素的长度（字节） |
| dtype | 数组中元素的类型 |

对于例 8-1 中的 arr_a 对象，可以查看它的属性值，如图 8-5 所示。

从运行结果可以看出，arr_a 对象是一个一维数组，总共有 1000000 个元素，每个元素的数据类型为浮点型，长度为 64 位，共 8 个字节。

## 8.1.2　NumPy 基本操作

### 1. 使用 NumPy 创建数组

使用 NumPy 创建数组的方式有很多，如表 8-2 所示。例 8-1 中使用一个 array 对象创建

NumPy 基本操作

```
# 查看arr_a的属性值
print(arr_a.shape)
print(arr_a.ndim)
print(arr_a.size)
print(arr_a.itemsize)
print(arr_a.dtype)

(1000000,)
1
1000000
8
float64
```

图 8-5　查看 arr_a 对象的属性值

数组是最基本的创建方式。除此之外，可以通过快捷方式创建常用数组，可以通过数值范围创建数组，还可以通过 random 模块下的函数创建随机数组。

### 表 8-2　使用 NumPy 创建数组的方式

| 分类 | 方法 | 语法 | 举例 |
| --- | --- | --- | --- |
| 通过基本方式创建数组 | array() | numpy.array(object, dtype=None, copy=True, order='K', subok=False, ndmin=0) | numpy.array([1,2,3,4]) |
| 通过快捷方式创建常用数组 | zeros()（创建以 0 填充的数组，参数表示其维数） | numpy.zeros(shape, dtype = None, order = 'C') | numpy.zeros((2,4)) |
| | ones()（创建以 1 填充的数组，参数表示其维数） | numpy.ones(shape, dtype = None, order = 'C') | numpy.ones((3,2)) |
| | eye()（创建对角线元素是 1、其余元素是 0 的单位矩阵） | numpy.eye(N, M, k=0, dtype=None, order = 'C') | numpy.eye(3,4) numpy.eye(3,4,k=1) |
| | empty()（创建指定维度、未初始化的数组） | numpy.empty(shape, dtype = None, order = 'C') | numpy.empty((2,3)) |
| | full()（创建包含给定值的数组） | numpy.full(shape, fill_value,dtype=None, order='C', like=None) | numpy.full((2,3), 6) numpy.full([2, 3], 'abc') |

| 分类 | 方法 | 语法 | 举例 |
|---|---|---|---|
| 通过数值范围创建数组 | arange()（指定起始值、终止值和步长，包含起始值，不包含终止值） | numpy.arange(start, stop, step, dtype = None) | numpy.arange(10, 35, 3) |
| | linspace()（创建等差数列：指定起始值、终止值和样本数量） | numpy.linspace(start, stop,num=50, endpoint=True, retstep=False, dtype=None) | numpy.linspace(1,20,10) |
| | logspace()（创建等比数列：指定起始值、终止值、样本数量和对数底数） | numpy.logspace(start, stop, num=50, endpoint= True, base=10.0, dtype= None) | numpy.logspace(0,9,10, dtype='int') |
| 通过random模块下的函数创建随机数组 | rand()（生成(0,1)的随机数组） | numpy.random.rand(d0, d1,d2,……,dn) | numpy.random.rand(4,3,2) |
| | randn()（随机生成样本值满足正态分布的随机数组） | numpy.random.randn (d0,d1,d2,……,dn) | numpy.random.randn(4,3) |
| | randint()（生成一定范围内的随机整数数组，指定起始值、终止值和数组维数，包含起始值，不包含终止值） | numpy.random.randint (low,high=None, size=None, dtype=None) | numpy.random.randint(10, size=(3,4)) |

**161**

📖 【例 8-2】使用 NumPy 创建数组（1）。

本例使用 array()创建一维、二维、三维数组，并使用 zeros()、ones()、eye()、empty()、full()等方法创建常用数组。

```
import numpy as np
# 使用 array()创建数组
a11 = np.array([1,2,3,4])
a12 = np.array([[1,2],[3,4]])
a13 = np.array([[[1,2],[3,4]],[[5,6],[7,8]]])
print('===================1——通过基本方式创建数组====================')
print('创建一维数组: ','\n',a11)
print('维数为: '+str(a11.ndim)+'; 形状为: '+str(a11.shape))
print('===========================================================')
print('创建二维数组: ','\n',a12)
print('维数为: '+str(a12.ndim)+'; 形状为: '+str(a12.shape))
print('===========================================================')
print('创建三维数组: '+'\n'+str(a13))
print('维数为: '+str(a13.ndim)+'; 形状为: '+str(a13.shape))

# 通过快捷方式创建常用数组
a21 = np.zeros((2,4))
a22 = np.ones((3,2,4))
a23 = np.eye(3,4)
a24 = np.empty((2,3))
a25 = np.full([2, 3], 'abc')
print('==============2——通过快捷方式创建常用数组===============')
print('创建"0 填充"数组: '+'\n'+str(a21))
```

```
print('维数为: '+str(a21.ndim)+'; 形状为: '+str(a21.shape))
print('================================================================')
print('创建"1填充"数组: '+'\n'+str(a22))
print('维数为: '+str(a22.ndim)+'; 形状为: '+str(a22.shape))
print('================================================================')
print('创建"单位矩阵"数组: '+'\n'+str(a23))
print('维数为: '+str(a23.ndim)+'; 形状为: '+str(a23.shape))
print('================================================================')
print('创建"指定维度、未初始化的"数组: '+'\n'+str(a24))
print('维数为: '+str(a24.ndim)+'; 形状为: '+str(a24.shape))
print('================================================================')
print('创建"包含给定值的"数组: '+'\n'+str(a25))
print('维数为: '+str(a25.ndim)+'; 形状为: '+str(a25.shape))
```

例 8-2 的运行结果如图 8-6 所示。

```
=====================1——通过基本方式创建数组=====================
创建一维数组:
[1 2 3 4]
维数为: 1; 形状为: (4,)
================================================================
创建二维数组:
[[1 2]
 [3 4]]
维数为: 2; 形状为: (2, 2)
================================================================
创建三维数组:
[[[1 2]
  [3 4]]

 [[5 6]
  [7 8]]]
维数为: 3; 形状为: (2, 2, 2)
=====================2——通过快捷方式创建常用数组=====================
创建"0填充"数组:
[[0. 0. 0. 0.]
 [0. 0. 0. 0.]]
维数为: 2; 形状为: (2, 4)
================================================================
创建"1填充"数组:
[[[1. 1. 1. 1.]
  [1. 1. 1. 1.]]

 [[1. 1. 1. 1.]
  [1. 1. 1. 1.]]

 [[1. 1. 1. 1.]
  [1. 1. 1. 1.]]]
维数为: 3; 形状为: (3, 2, 4)
================================================================
创建"单位矩阵"数组:
[[1. 0. 0. 0.]
 [0. 1. 0. 0.]
 [0. 0. 1. 0.]]
维数为: 2; 形状为: (3, 4)
================================================================
创建"指定维度、未初始化的"数组:
[[1.37962320e-306 1.29060871e-306 1.24611266e-306]
 [4.45046008e-307 1.37962456e-306 4.22798325e-307]]
维数为: 2; 形状为: (2, 3)
================================================================
创建"包含给定值的"数组:
[['abc' 'abc' 'abc']
 ['abc' 'abc' 'abc']]
维数为: 2; 形状为: (2, 3)
```

图 8-6　使用 NumPy 创建数组（1）

在具体应用中，常常需要在指定范围内快速构建数组。接下来介绍 arange()、linspace()、logspace()这 3 种方法的使用，如例 8-3 所示。

📖【例 8-3】使用 NumPy 创建数组（2）。

本例使用 arange()创建一个取值范围为[10,35]、步长为 3 的数组；使用 linspace()创建一个取值范围为[0,100]的等差数列；使用 logspace()创建一个指数取值范围为[0,9]、以 10 为底的等比数列，以及创建一个指数取值范围为[0,9]、以 2 为底的等比数列。

```python
# 从 10 开始，到 35 结束（包含 10，不包含 35），步长为 3
a31 = np.arange(10, 35, 3)
# 等差数列，从 0 开始，到 100 结束（默认包含 0，也包含 100），共创建 5 个样本
a32 = np.linspace(0, 100, num=5)
# 等比数列，指数取值从 0 开始，到 9 结束（默认包含 0，也包含 9），共创建 10 个样本，默认
以 10 为底
a33 = np.logspace(0,9,10,dtype='int')
# 等比数列，指数取值从 0 开始，到 9 结束（默认包含 0，也包含 9），共创建 10 个样本，以 2
为底
a34 = np.logspace(0,9,10,base=2,dtype='int')
print('创建“指定步长”数组: '+'\n'+str(a31))
print('创建“指定样本数”数组: '+'\n'+str(a32))
print('创建“等比数列，10 为底”数组: '+'\n'+str(a33))
print('创建“等比数列，2 为底”数组: '+'\n'+str(a34))
```

例 8-3 的运行结果如图 8-7 所示。

```
创建"指定步长"数组:
[10 13 16 19 22 25 28 31 34]
创建"指定样本数"数组:
[  0.  25.  50.  75. 100.]
创建"等比数列，10为底"数组:
[         1         10        100       1000      10000     100000
     1000000   10000000  100000000 1000000000]
创建"等比数列，2为底"数组:
[  1   2   4   8  16  32  64 128 256 512]
```

图 8-7　使用 NumPy 创建数组（2）

NumPy 的 random 模块提供了一些非常好用的生成随机数组的方法，如例 8-4 所示。

📖【例 8-4】使用 NumPy 生成随机数组。

本例使用 NumPy 的 random 模块生成随机数组，包括使用 rand()随机生成取值范围为（0,1）的一维数组和取值范围为（0,1）的三维数组，使用 randn()随机生成样本值满足正态分布的三维数组，以及使用 randint()随机生成一定范围内的（如取值范围为[5,10]）的二维整数数组。

```python
import numpy as np
# 随机生成取值范围为(0,1)的一维数组
a41 = np.random.rand(3)
# 随机生成取值范围为(0,1)的三维数组
a42 = np.random.rand(4,3,2)
# 随机生成样本值满足正态分布的三维数组
a43 = np.random.randn(4,3,2)
# 随机生成一定范围内的二维整数数组
a44 = np.random.randint(5,10,size=(3,4))
print('随机生成数值取值范围为“(0,1)的一维”数组: '+'\n'+str(a41))
print('随机生成数值取值范围为“(0,1)的三维”数组: '+'\n'+str(a42))
print('随机生成“样本值满足正态分布的三维”数组: '+'\n'+str(a43))
print('随机生成“一定范围内的”二维整数数组: '+'\n'+str(a44))
```

例 8-4 的运行结果如图 8-8 所示。

```
随机生成数值取值范围为"(0,1)的一维"数组：
[0.50722581 0.58269028 0.95214531]
随机生成数值取值范围为"(0,1)的三维"数组：
[[[0.08829769 0.98465309]
  [0.50829186 0.74584239]
  [0.1963568  0.72521804]]

 [[0.89957472 0.99476998]
  [0.3199178  0.133018  ]
  [0.76817477 0.6156669 ]]

 [[0.76264333 0.77768125]
  [0.66518841 0.74848953]
  [0.96483819 0.06232743]]

 [[0.65140205 0.5717483 ]
  [0.24373056 0.39227958]
  [0.70340516 0.09034511]]]
随机生成"样本值满足正态分布的三维"数组：
[[[-0.74275418  0.14786211]
  [ 1.05772172  0.47440103]
  [ 0.02326349 -1.18705946]]

 [[-2.41556228  0.35554489]
  [-1.39890035  0.16328296]
  [-0.69455036  1.48738594]]

 [[ 0.33784361 -0.34852187]
  [-2.04516083  0.05356649]
  [-0.74540071 -1.21620982]]

 [[-2.08605703 -0.09420338]
  [ 0.84459545 -1.06272898]
  [-1.05041695 -0.4645304 ]]]
随机生成"一定范围内的"二维整数数组：
[[7 8 6 8]
 [5 6 6 9]
 [8 6 6 7]]
```

图 8-8　使用 NumPy 生成随机数组

### 2. 数组的索引和切片

在 NumPy 中，ndarray 对象的内容可以通过索引、切片来访问和修改，与 Python 中列表的切片操作类似。索引能够用唯一的数字标记数组中对应的元素。索引从 0 开始。NumPy 数组中索引的用法为 arr[obj]，其中 arr 是数组，obj 是选择项。切片可以理解为对数组进行分割，即将一个数组分割为多个片段。切片通过内置的 slice()函数实现，用冒号分割切片，用参数（如 start、stop、step）进行切片操作。索引和切片的具体操作如例 8-5 所示。

【例 8-5】数组的索引和切片操作。

本例将展示一维、二维、三维数组的索引和切片操作。

```
import numpy as np
# 创建一维数组，并通过索引、切片进行访问
n11 = np.array([1,2,3,4,5,6,7,8])
print('生成一维数组: '+str(n11))
print('访问一维数组的第一个元素: '+'\n'+str(n11[0]))
# 索引参数是负数时，代表反向索引
print('访问一维数组的最后一个元素: '+'\n'+str(n11[-1]))
# 数组的切片（包含起始值，不包含终止值）
print('访问一维数组的第 1~3 个元素: '+'\n'+str(n11[0:3]))
print('访问一维数组的第 3 个及以后的元素: '+'\n'+str(n11[2:]))
print('访问一维数组的第 1~5 个元素: '+'\n'+str(n11[:5]))
# 创建二维数组，并通过索引、切片进行访问
n12 = np.array([[1,2,3],[3,4,5]])
print('====================================================')
print('生成二维数组: '+'\n'+str(n12))
```

```
print('访问二维数组第 1 行的元素: '+'\n'+str(n12[0]))
# 可使用 n12[1][2]或 n12[1,2]进行访问
print('访问二维数组[1][2]位置的元素: '+'\n'+str(n12[1,2]))
# 创建三维数组，并通过索引、切片进行访问
n13 = np.array([[[1,2,3],[4,5,6]],[[7,8,9],[10,11,12]],[[13,14,15],
[16,17,18]]])
print('==========================================================')
print('生成三维数组: '+'\n'+str(n13))
print('访问三维数组第 1 和第 2 个矩阵的数据: '+'\n'+str(n13[:2]))
print('访问三维数组第 3 个矩阵第 2 行的数据: '+'\n'+str(n13[2,1]))
print('访问三维数组[1][0][1]位置的元素: '+'\n'+str(n13[1][0][1]))
```

例 8-5 的运行结果如图 8-9 所示。

```
生成一维数组: [1 2 3 4 5 6 7 8]
访问一维数组的第一个元素:
1
访问一维数组的最后一个元素:
8
访问一维数组的第1~3个元素:
[1 2 3]
访问一维数组的第3个及以后的元素:
[3 4 5 6 7 8]
访问一维数组的第1~5个元素:
[1 2 3 4 5]
============================================
生成二维数组:
[[1 2 3]
 [3 4 5]]
访问二维数组第1行的元素:
[1 2 3]
访问二维数组[1][2]位置的元素:
5
============================================
生成三维数组:
[[[ 1  2  3]
  [ 4  5  6]]

 [[ 7  8  9]
  [10 11 12]]

 [[13 14 15]
  [16 17 18]]]
访问三维数组第1和第2个矩阵的数据:
[[[ 1  2  3]
  [ 4  5  6]]

 [[ 7  8  9]
  [10 11 12]]]
访问三维数组第3个矩阵第2行的数据:
[16 17 18]
访问三维数组[1][0][1]位置的元素:
8
```

图 8-9  数组的索引和切片操作

### 3. 数组重塑

数组重塑是指改变数组的形状。NumPy 主要使用 reshape()方法进行数组重塑。reshape()方法在不更改数组数据的情况下，为数组提供新形状，即先将数组拉伸成一维数组，再按 order 参数的顺序重组数组维度。reshape()的基本语法如下。

```
numpy.reshape(a, newshape, order='C')
```

reshape()的参数如表 8-3 所示。

表 8-3  reshape()的参数

| 参数 | 描述 |
| --- | --- |
| a | 要修改形状的数组 |
| newshape | 新数组的形状，必须是整数或整数元组，如（2,3） |
| order | 'C'——按行重塑数组，'F'——按列重塑数组，'A'——按原顺序重塑数组，'K'——按元素在内存中的出现顺序重塑数组，默认是按行重塑数组 |

📖【例 8-6】数组重塑操作。

本例首先生成一维数组，并使用 reshape()将其按行重塑为三维数组；然后生成新的三维数组，并使用 reshape()将其按列重塑为二维数组。

```
import numpy as np
# 生成一维数组
n21 = np.arange(16)
print('一维数组: '+'\n'+str(n21))
# 重塑为三维数组（默认按行）
n22 = np.reshape(n21,(2,4,2))
print('重塑为三维数组（按行）: '+'\n'+str(n22))
# 生成三维数组
n23 = np.array([[[1,2,3],[4,5,6]],[[7,8,9],[10,11,12]],
[[13,14,15],[16,17,18]]])
print('三维数组: '+'\n'+str(n23))
# 重塑为二维数组（按列）
n24 = n23.reshape((3,6),order = 'F')
print('重塑为二维数组（按列）: '+'\n'+str(n24))
```

例 8-6 的运行结果如图 8-10 所示。

```
一维数组:
[ 0  1  2  3  4  5  6  7  8  9 10 11 12 13 14 15]
重塑为三维数组（按行）:
[[[ 0  1]
  [ 2  3]
  [ 4  5]
  [ 6  7]]

 [[ 8  9]
  [10 11]
  [12 13]
  [14 15]]]
三维数组:
[[[ 1  2  3]
  [ 4  5  6]]

 [[ 7  8  9]
  [10 11 12]]

 [[13 14 15]
  [16 17 18]]]
重塑为二维数组（按列）:
[[ 1  4  2  5  3  6]
 [ 7 10  8 11  9 12]
 [13 16 14 17 15 18]]
```

图 8-10　数组重塑操作

### 4. 数组的增、删、改、查

数组的增、删、改、查有多种方法，这里主要介绍几种常用的方法。增加数组主要使用 hstack()和 vstack()。hstack()用于在水平方向增加数据；vstack()用于在垂直方向增加数据。删除数组主要使用 delete()。修改数组主要通过索引实现。查询数组可以使用索引和切片的方式来实现，也可以通过 where()实现。

📖【例 8-7】数组的增、删、改、查操作。

本例介绍数组的增、删、改、查操作。其中，使用 hstack()水平增加数组，使用 vstack()垂直增加数组，使用 delete()删除指定行的数组，使用索引修改数组，使用 where()查询数组。

```
import numpy as np
# 生成 3 个数组
```

```
n31 = np.arange(6).reshape(2,3)
n32 = np.linspace(20,50,6,dtype='int').reshape(2,3)
n33 = np.logspace(0,11,12,base=2,dtype='int').reshape(2,3,2)
# 水平增加数组
n34 = np.hstack((n31,n32))
# 垂直增加数组
n35 = np.vstack((n31,n32))
# 删除数组
n36 = np.delete(n33,1,axis=1)
print('数组1: '+'\n'+str(n31))
print('数组2: '+'\n'+str(n32))
print('数组3: '+'\n'+str(n33))
print('数组1+数组2（水平增加）: '+'\n'+str(n34))
print('数组1+数组2（垂直增加）: '+'\n'+str(n35))
print('删除数组3的数据（轴1的第2行数据）: '+'\n'+str(n36))
# 修改数组
n33[0][2][0]=888
print('修改数组3[0][2][0]位置的数据: '+'\n'+str(n33))
# 查询数组（数字大于2时输出1，数字小于或等于2时输出0）
print('查询数组3中大于2的数: '+'\n'+str(np.where(n33>2,1,0)))
```

例 8-7 的运行结果如图 8-11 所示。

```
数组1:
[[0 1 2]
 [3 4 5]]
数组2:
[[20 26 32]
 [38 44 50]]
数组3:
[[[   1    2]
  [   4    8]
  [  16   32]]

 [[  64  128]
  [ 256  512]
  [1024 2048]]]
数组1+数组2（水平增加）:
[[ 0  1  2 20 26 32]
 [ 3  4  5 38 44 50]]
数组1+数组2（垂直增加）:
[[ 0  1  2]
 [ 3  4  5]
 [20 26 32]
 [38 44 50]]
删除数组3的数据（轴1的第2行数据）:
[[[   1    2]
  [  16   32]]

 [[  64  128]
  [1024 2048]]]
修改数组3[0][2][0]位置的数据:
[[[   1    2]
  [   4    8]
  [ 888   32]]

 [[  64  128]
  [ 256  512]
  [1024 2048]]]
查询数组3中大于2的数:
[[[0 0]
  [1 1]
  [1 1]]

 [[1 1]
  [1 1]
  [1 1]]]
```

图 8-11　数组的增、删、改、查操作

### 5. 使用 NumPy 自定义 dtype

在 NumPy 中，数据的类型用 dtype 表示。dtype 是 NumPy 中的一个类，不同的数据类型对应不同的 dtype。dtype 一般用于描述以下几个方面的信息。

（1）数据的类型。

（2）数据的大小。

（3）数据的顺序。

（4）如果数据类型是结构化数据，则 dtype 包含多个字段的数据类型，每个字段的数据类型可以不同。

（5）如果数据类型是子数组，则 dtype 包含子数组的形状和数据类型信息。

NumPy 中常用的数据类型，如 int8、int32、float32、float64 等，都有内置的 dtype 与之对应。除了使用内置的 dtype 外，还可以自定义 dtype。

【例 8-8】自定义 dtype。

本例将自定义一个 persontype 类型的 dtype。这个 dtype 包含姓名、年龄、性别 3 个属性。自定义 dtype 时，使用字符编码来表示数据类型，整数用"i"表示，字符串用"S"表示，布尔值用"b"表示，单精度浮点数用"f"表示，双精度浮点数用"d"表示。

```
import numpy as np
persontype = np.dtype({
    'names':['name', 'age', 'sex'],
    'formats':['S32','i', 'S32']})
peoples = np.array([("zs",32,"male"),
                    ("ls",24,"female")],
                    dtype=persontype)
```

### 8.1.3 NumPy 矩阵运算

矩阵是数学中的重要概念，在统计分析、物理学、电路学、力学、光学、量子物理学、计算机科学等多个学科和领域都有应用。矩阵运算是数值分析的重要问题。在 NumPy 中，矩阵是数组的分支，二维数组即矩阵。

NumPy 矩阵运算

#### 1. 矩阵的基本运算

矩阵的基本运算包括矩阵的加法、减法、数乘和乘法，具体运算法则如下。

（1）矩阵的加法是把对应"坐标"的值相加，但是只有同型矩阵才能相加。

（2）矩阵的减法是把对应"坐标"的值相减，但是只有同型矩阵才能相减。

（3）矩阵的数乘分为数字和矩阵的数乘、同型矩阵数乘两种。数字和矩阵的数乘就是把矩阵的每个元素都乘以这个数字；同型矩阵数乘就是对应"坐标"的值相乘。

（4）矩阵的乘法稍微复杂，只有当第一个矩阵的列数（Column）和第二个矩阵的行数（Row）相同时才有意义。如图 8-12 所示，矩阵 $C$ 的第 $m$ 行第 $n$ 列的元素等于矩阵 $A$ 的第 $m$ 行的元素与矩阵 $B$ 的第 $n$ 列对应元素乘积之和。

$$C=AB=\begin{bmatrix}1&2&3\\4&5&6\end{bmatrix}\begin{bmatrix}1&4\\2&5\\3&6\end{bmatrix}=\begin{bmatrix}1\times1+2\times2+3\times3&1\times4+2\times5+3\times6\\4\times1+5\times2+6\times3&4\times4+5\times5+6\times6\end{bmatrix}=\begin{bmatrix}14&32\\32&77\end{bmatrix}$$

图 8-12 矩阵乘法运算举例

【例 8-9】矩阵的基本运算。

本例使用 NumPy 来实现矩阵的基本运算，如加法、减法、数乘和乘法等。

```
# 生成 3 个矩阵
import numpy as np
n41 = np.linspace(1,10,6,dtype='int').reshape(2,3)
n42 = np.linspace(10,20,6,dtype='int').reshape(2,3)
n43 = np.linspace(30,80,6,dtype='int').reshape(3,2)
# 矩阵加法，也可直接使用 n41+n42
n44 = np.add(n41,n42)
# 矩阵减法，也可直接使用 n41-n42
n45 = np.subtract(n41,n42)
# 矩阵数乘——数字和矩阵相乘
n46 = 5*n41
# 矩阵数乘——同型矩阵相乘，也可直接使用 n41*n42
n47 = np.multiply(n41,n42)
# 矩阵乘法——计算矩阵点积
n48 = np.dot(n41,n43)
print('矩阵 1: '+'\n'+str(n41))
print('矩阵 2: '+'\n'+str(n42))
print('矩阵 3: '+'\n'+str(n43))
print('==========================================')
print('矩阵加法: '+'\n'+str(n44))
print('矩阵减法: '+'\n'+str(n45))
print('矩阵数乘（数字和矩阵）: '+'\n'+str(n46))
print('矩阵数乘（同型矩阵）: '+'\n'+str(n47))
print('矩阵乘法: '+'\n'+str(n48))
```

本例首先使用 NumPy 的 linspace()函数在指定的间隔内生成均匀间隔的数值数组，使用 reshape()函数将生成的数组改变形状，从而得到 n41、n42、n43 这 3 个二维矩阵；其次，使用 add()函数完成两个同型矩阵的加法，使用 subtract()函数完成两个同型矩阵的减法，使用 "*" 完成数字和矩阵相乘；使用 multiply()函数完成两个同型矩阵的乘法，也就是矩阵的对应数相乘；最后，使用 dot()函数计算矩阵 n41 和矩阵 n43 的点积，其中 n41 是 2 行 3 列的矩阵，n43 是 3 行 2 列的矩阵，二者不是同型矩阵。

例 8-9 的运行结果如图 8-13 所示。

```
矩阵1:
[[ 1  2  4]
 [ 6  8 10]]
矩阵2:
[[10 12 14]
 [16 18 20]]
矩阵3:
[[30 40]
 [50 60]
 [70 80]]
==========================================
矩阵加法:
[[11 14 18]
 [22 26 30]]
矩阵减法:
[[ -9 -10 -10]
 [-10 -10 -10]]
矩阵数乘（数字和矩阵）:
[[ 5 10 20]
 [30 40 50]]
矩阵数乘（同型矩阵）:
[[ 10  24  56]
 [ 96 144 200]]
矩阵乘法:
[[ 410  480]
 [1280 1520]]
```

图 8-13　矩阵的基本运算

## 2. 矩阵的转置和求逆

在具体应用中，除了矩阵的加法、减法、数乘、乘法等基本运算之外，矩阵的转置、求逆等运算也很常用。

（1）矩阵转置

把矩阵 $A$ 的行和列互相交换，得到的矩阵 $A^T$ 称为 $A$ 的转置矩阵，图 8-14 所示为矩阵转置举例。

$$A^T = \begin{bmatrix} 2 & 1 & 3 \\ 4 & 3 & 7 \end{bmatrix}^T = \begin{bmatrix} 2 & 4 \\ 1 & 3 \\ 3 & 7 \end{bmatrix}$$

图 8-14　矩阵转置举例

（2）矩阵求逆

矩阵求逆，即求矩阵的逆矩阵。设 $A$ 是数域上的一个 $n$ 阶矩阵，若在相同数域上存在另一个 $n$ 阶矩阵 $B$，使得 $AB=BA=E$，则称 $B$ 是 $A$ 的逆矩阵，$A$ 被称为可逆矩阵。其中，$E$ 为单位矩阵。

单位矩阵是一个方阵，从左上角到右下角的对角线（称为主对角线）上的元素均为 1，除此以外的元素全都为 0。图 8-15 所示为 3 阶单位矩阵举例。

$$\begin{bmatrix} 1 & 0 & 0 \\ 0 & 1 & 0 \\ 0 & 0 & 1 \end{bmatrix}$$

图 8-15　3 阶单位矩阵举例

使用 NumPy 中的 transpose()和 linalg.pinv()分别可以实现矩阵转置和求逆，如例 8-10 所示。

📖【例 8-10】矩阵的转置和求逆。

本例生成一个 3×3 的方阵，使用 NumPy 的 transpose()对方阵求转置，使用 linalg.pinv()对方阵求逆。

```
import numpy as np
# 生成矩阵
n51 = np.array([[1,6,2],[0,2,4],[1,1,0]])
# 矩阵转置，也可直接使用 n51.T
n52 = np.transpose(n51)
# 矩阵求逆
n53 = np.linalg.pinv(n51)
print('矩阵: '+'\n'+str(n51))
print('矩阵转置: '+'\n'+str(n52))
print('矩阵求逆: '+'\n'+str(n53))
```

例 8-10 的运行结果如图 8-16 所示。

```
矩阵:
[[1 6 2]
 [0 2 4]
 [1 1 0]]
矩阵转置:
[[1 0 1]
 [6 2 1]
 [2 4 0]]
矩阵求逆:
[[-0.25    0.125   1.25  ]
 [ 0.25   -0.125  -0.25  ]
 [-0.125   0.3125  0.125 ]]
```

图 8-16　矩阵的转置和求逆

NumPy 矩阵运算的常用方法如表 8-4 所示。

**表 8-4　NumPy 矩阵运算的常用方法**

| 矩阵运算 | 方法 | 举例 |
| --- | --- | --- |
| 加法 | 使用 add() 或 "+" | numpy.add(n41,n42) 或 n41+n42 |
| 减法 | 使用 subtract() 或 "-" | numpy.subtract(n41,n42) 或 n41-n42 |
| 数字和矩阵数乘 | 使用 multiply() 或 "*" | numpy.multiply(5,n42) 或 5*n41 |
| 同型矩阵数乘 | 使用 multiply() 或 "*" | numpy.multiply(n41,n42) 或 n41*n42 |
| 乘法 | 使用 dot() | numpy.dot(n41,n43) |
| 转置 | 使用 transpose() 或 ".T" | numpy.transpose(n51) 或 n51.T |
| 求逆 | 使用 linalg.pinv() | numpy.linalg.pinv(n51) |

## 8.1.4　NumPy 常用数值计算函数

NumPy 中包含大量的数学运算和统计分析函数，本节主要针对常用数值计算函数进行介绍，更多函数可以访问 NumPy 官网。NumPy 常用数值计算函数如表 8-5 所示。

NumPy 常用数值计算函数

**表 8-5　NumPy 常用数值计算函数**

| 分类 | 函数 | 描述 |
| --- | --- | --- |
| 数学运算 | sin()、cos()、tan() | 三角函数，计算数组中角度的正弦值、余弦值、正切值 |
| | asin()、acos()、atan() | 反三角函数，计算数组中角度的反正弦值、反余弦值、反正切值 |
| | abs() | 计算数组中各元素的绝对值 |
| | sqrt() | 计算数组中各元素的平方根 |
| | square() | 计算数组中各元素的平方 |
| | mod() | 计算数组中相应元素相除后的余数 |
| | around() | 计算数组中各元素指定小数位数的四舍五入值 |
| | reciprocal() | 计算数组中各元素的倒数 |
| | power() | 将第一个输入数组的元素作为底数，计算它与第二个输入数组的元素的幂 |
| | floor() | 向下取整，即返回小于或者等于指定表达式的最大整数 |
| | ceil() | 向上取整，即返回大于或者等于指定表达式的最小整数 |
| 统计分析 | min()、max() | 计算数组中元素的最小值、最大值 |
| | amin()、amax() | 计算数组中元素沿指定轴的最小值、最大值 |
| | sum() | 对数组中的元素进行求和 |
| | cumsum() | 对所有数组元素累计求和 |
| | ptp() | 计算数组中元素最大值与最小值的差，即极差 |
| | median() | 计算数组中元素的中位数 |
| | mean() | 计算数组中元素的算术平均值 |
| | average() | 计算数组中元素的加权平均值 |
| | var() | 计算方差 |
| | std() | 计算标准差 |

### 1. 常用数学运算函数的使用

NumPy 中的常用数学运算函数主要包括三角函数、反三角函数、平方根函数、平方函数和求幂函数等。

📖 【例 8-11】常用数学运算函数的使用。

本例介绍常用数学运算函数的使用方法。生成一个一维数组，将其转化为弧度，计算其正弦值、余弦值、正切值、反正弦值，再将其转化为角度。生成一个新的一维数组，计算其平方根、平方值和幂值。

```python
import numpy as np
# 三角函数的使用
m11 = np.array([0,30,45,60,90])
# 将一维数组转化为弧度
m11_r = np.pi*m11/180
# 求正弦值、余弦值、正切值
m11_sin = np.sin(m11_r)
m11_cos = np.cos(m11_r)
m11_tan = np.tan(m11_r)
print('正弦值: '+'\n'+str(m11_sin))
print('余弦值: '+'\n'+str(m11_cos))
print('正切值: '+'\n'+str(m11_tan))
# 可使用 asin() 计算反正弦值
inv = np.asin(m11_sin)
# 转化为角度
a = np.degrees(inv)
print('反正弦值: '+'\n'+str(inv))
print('角度: '+'\n'+str(a))
print("=========================================================")
# sqrt()、square()、power()的使用
m12 = np.arange(1,20,3)
# 计算平方根
m12_sqrt = np.sqrt(m12)
# 计算平方值
m12_square = np.square(m12)
# 计算幂值
m12_power = np.power(m12,3)
print('原数组: '+'\n'+str(m12))
print('计算平方根: '+'\n'+str(m12_sqrt))
print('计算平方值: '+'\n'+str(m12_square))
print('计算幂值: '+'\n'+str(m12_power))
```

例 8-11 的运行结果如图 8-17 所示。

```
正弦值:
[0.          0.5         0.70710678 0.8660254  1.         ]
余弦值:
[1.00000000e+00 8.66025404e-01 7.07106781e-01 5.00000000e-01
 6.12323400e-17]
正切值:
[0.00000000e+00 5.77350269e-01 1.00000000e+00 1.73205081e+00
 1.63312394e+16]
反正弦值:
[0.          0.52359878 0.78539816 1.04719755 1.57079633]
角度:
[ 0. 30. 45. 60. 90.]
=========================================================
原数组:
[ 1  4  7 10 13 16 19]
计算平方根:
[1.         2.         2.64575131 3.16227766 3.60555128 4.
 4.35889894]
计算平方值:
[  1  16  49 100 169 256 361]
计算幂值:
[   1   64  343 1000 2197 4096 6859]
```

图 8-17　常用数学运算函数的使用

### 2. 常用统计分析函数的使用

NumPy 中的常用统计分析函数主要包括累计求和函数、中位数函数、方差函数、标准差函数等。

📖【例 8-12】常用统计分析函数的使用。

本例使用 randint() 创建一个 6 行、5 列的随机整数数组，然后使用 NumPy 的统计分析函数计算其最小值、最大值、极差、中位数、平均值、方差、标准差，以及沿指定轴的最小值。

```python
import numpy as np
# 创建随机整数数组
m21 = np.random.randint(200,size=(6,5))
print('原数组: '+'\n'+str(m21))
print("最小值 | 最大值  | 极差 | 中位数 | 平均值 | 方差 | 标准差")
# 求最小值、最大值、极差、中位数、平均值、方差、标准差
print('   {}   |  {}  |  {}  |  {}  |  {}  |  {}  |  {}  '
    .format(np.min(m21),np.max(m21),np.ptp(m21),np.median(m21),np.around
(np.mean(m21),1),np.around(np.var(m21),1),np.around(np.std(m21),1)))
# 计算数组中的元素沿指定轴的最小值
m21_min_0 = np.amin(m21,axis=0)
m21_min_1 = np.amin(m21,axis=1)
print('沿轴 0 的最小值: '+'\n'+str(m21_min_0))
print('沿轴 1 的最小值: '+'\n'+str(m21_min_1))
```

例 8-12 的运行结果如图 8-18 所示。

```
原数组:
[[150  40  16  55 142]
 [ 56 173 198 160 102]
 [193  11  43 152  28]
 [189 127  97  74  43]
 [ 37 103  96 188 109]
 [115 166 136  93  19]]
最小值 | 最大值 |  极差 | 中位数 | 平均值 |  方差  | 标准差
  11   |  198  | 187  | 102.5  | 103.7  | 3386.8 | 58.2
沿轴0的最小值:
[37 11 16 55 19]
沿轴1的最小值:
[16 56 11 43 37 19]
```

图 8-18　常用统计分析函数的使用

## 8.2 SciPy 科学计算库

SciPy 是一个基于 NumPy 的科学计算库，常用于数学、工程等领域，可以高效处理统计、积分、图像等问题。本节主要介绍 SciPy 常用模块及其基本使用方法。

### 8.2.1 SciPy 简介

SciPy 的基本数据结构是由 NumPy 模块提供的多维数组。SciPy 与 NumPy 结合使用，可以提高科学计算的效率。SciPy 图标如图 8-19 所示。

SciPy 简介

图 8-19  SciPy 图标

SciPy 包含统计函数、线性代数、优化算法等常用模块，如表 8-6 所示。

表 8-6  SciPy 常用模块

| 模块 | 说明 | 描述 |
| --- | --- | --- |
| stats | 统计函数 | 相较于 NumPy，stats 支持多种概率分布，包括正态分布、泊松分布、二项分布等 |
| linalg | 线性代数 | 相较于 NumPy，linalg 的功能更加全面，包括解线性方程组、求最小二乘解、求特征值、求特征向量、分解奇异值等 |
| optimize | 优化算法 | 包括对无约束最小化、单变量函数最小化等问题的处理 |
| io | 数据输入输出 | 提供多种功能来处理不同格式的文件 |
| cluster | 聚类分析 | 主要在 SciPy 中实现 $k$ 均值聚类（K-Means clustering）等 |
| constants | 常数 | 提供各种常数，包括牛顿的引力常量、摩尔气体常数、玻尔兹曼常数等 |
| fftpack | 快速傅里叶变换 | 快速傅里叶变换可用于信号和噪声处理、图像处理、音频处理等领域 |
| integrate | 数值积分 | 提供多种数值积分算法，包括计算球体体积、解常微分方程等 |
| interpolate | 插值 | 插值是逼近离散函数的重要方法，利用它可通过函数在有限个点处的取值状况，估算函数在其他点处的近似值 |
| ndimage | $n$ 维图像 | 用于图像处理，包括图像显示、图像过滤、图像分割等 |
| signal | 信号处理 | 包括卷积、滤波设计、小波分析等 |

## 8.2.2  SciPy 的 constants 模块介绍

SciPy 的 constants 模块提供了各种常数，其常用常数如表 8-7 所示。

SciPy 的 constants
模块介绍

表 8-7  constants 模块的常用常数

| 分类 | 常数 | 描述 |
| --- | --- | --- |
| 数学常量 | pi | 圆周率 |
| | golden | 黄金比例 |
| 物理常量 | c | 真空中的光速 |
| | G | 牛顿引力常量 |
| | R | 摩尔气体常数 |
| | m_e | 电子质量 |
| | m_p | 质子质量 |
| | m_n | 中子质量 |

续表

| 分类 | 常数 | 描述 |
|---|---|---|
| 其他常量 | Hour | 1 小时，以秒为单位 |
| | Day | 1 天，以秒为单位 |
| | Year | 1 年，以秒为单位 |
| | Inch | 1 英寸，以米为单位，1 英寸等于 $2.54 \times 10^{-2}$ 米 |
| | foot | 1 英尺，以米为单位，1 英尺等于 $3.048 \times 10^{-1}$ 米 |
| | acre | 1 英亩，以平方米为单位，1 英亩等于 $4.047 \times 10^{3}$ 平方米 |
| | hectare | 1 公顷，以平方米为单位，1 公顷等于 $1 \times 10^{4}$ 平方米 |

📖 【例 8-13】SciPy 常量的使用。

本例介绍了 SciPy 中常用常量的使用方法。

```
from scipy import constants as C
print('圆周率为'+str(C.pi))
print('黄金比例为'+str(C.golden))
print('1年: '+str(C.year)+'; 单位为秒')
print('1英尺: '+str(C.foot)+'; 单位为米')
print('1英亩: '+str(C.acre)+'; 单位为平方米')
```

例 8-13 的运行结果如图 8-20 所示。

```
圆周率为3.141592653589793
黄金比例为1.618033988749895
1年: 31536000.0；单位为秒
1英尺: 0.30479999999999996；单位为米
1英亩: 4046.8564223999992；单位为平方米
```

图 8-20 SciPy 常量的使用

## 8.3 pandas 数据分析库

### 8.3.1 pandas 简介

pandas 简介

pandas 是一个基于 NumPy 的、具有更高级数据结构和分析能力的工具包。pandas 提供 Series 和 DataFrame 两种核心数据结构，能够快速、直观地处理多种类型的数据，且可以与第三方科学计算库完美集成。

在日常数据分析工作中，pandas 的使用频率很高，主要是因为 pandas 提供的基础数据结构 DataFrame 与 JSON 的契合度很高，转换很方便。基于 pandas 的两大核心数据结构，可以对数据进行导入、清洗、统计等操作。pandas 图标如图 8-21 所示。

图 8-21 pandas 图标

pandas 的特点如下。

- 可以从各种格式的文件中导入数据，如 CSV、JSON、结构化查询语言（Structured Query Language，SQL）、XLS、XLSX 格式。
- 具有强大、灵活的分组统计功能，可实现数据聚合、数据转换。
- 可直观地连接、合并数据集，以及灵活地重塑、透视数据集。
- 提供丰富的数据清洗、数据统计函数。
- 可对大型数据集进行切片、花式索引。

## 8.3.2 pandas 核心数据结构

pandas 核心数据
结构

Series 和 DataFrame 是 pandas 中的两大核心数据结构。Series 类似一维数组或字典；DataFrame 类似二维数组，既有行索引又有列索引。

### 1. Series

Series 可以理解为带标签的一维同构数组，也可以理解为定长的字典序列。Series 由一组数据以及与这组数据相关的标签组成。可以使用 pandas.Series()来创建 Series。

其基本语法如下。

```
pandas.Series(data, index, dtype, name, copy)
```

Series 的参数如表 8-8 所示。

表 8-8  Series 的参数

| 参数 | 描述 |
| --- | --- |
| data | 一组数据（ndarray、list、dict 等类型） |
| index | 数据索引标签，默认从 0 开始 |
| dtype | 数据类型 |
| name | 名称 |
| copy | 复制数据，默认为 False |

📖【例 8-14】Series 的使用。

本例将展示 pandas 核心数据结构 Series 的具体应用,包括不指定标签、通过 NumPy 数组设置标签、手动设置标签、通过索引和切片获取数据等。

```python
import numpy as np
import pandas as pd
arr = np.linspace(10,20,5)
# 不指定标签，默认从 0 开始
print('不指定标签: '+'\n'+str(s11))
s11 = pd.Series(arr)
# 通过 NumPy 数组设置标签
index1=np.array([1,2,3,4,5])
s12 = pd.Series(arr,index=index1)
print('通过 NumPy 数组设置标签: '+'\n'+str(s12))
# 手动设置标签
s13 = pd.Series(arr,index=['标签 1','标签 2','标签 3','标签 4','标签 5'])
print('手动设置标签: '+'\n'+str(s13))
# 通过索引和切片获取数据
print('通过位置索引获取数据: '+str(s13[2]))
print('通过标签索引获取数据: '+str(s13['标签 3']))
print('通过位置切片获取数据: '+'\n'+str(s13[1:4]))
# 既包含标签 2 又包含标签 5
```

```
print('通过标签切片获取数据: '+'\n'+str(s13['标签2':'标签5']))
print('获取标签: '+str(s13.index))
print('获取数据: '+str(s13.values))
```

例 8-14 的运行结果如图 8-22 所示。

```
不指定标签:
0    10.0
1    12.5
2    15.0
3    17.5
4    20.0
dtype: float64
通过NumPy数组设置标签:
1    10.0
2    12.5
3    15.0
4    17.5
5    20.0
dtype: float64
手动设置标签:
标签1    10.0
标签2    12.5
标签3    15.0
标签4    17.5
标签5    20.0
dtype: float64
通过位置索引获取数据: 15.0
通过标签索引获取数据: 15.0
通过位置切片获取数据:
标签2    12.5
标签3    15.0
标签4    17.5
dtype: float64
通过标签切片获取数据:
标签2    12.5
标签3    15.0
标签4    17.5
标签5    20.0
dtype: float64
获取标签: Index(['标签1','标签2','标签3','标签4','标签5'], dtype='object')
获取数据: [10.   12.5 15.   17.5 20. ]
```

图 8-22  Series 的使用

## 2. DataFrame

DataFrame 是一个类似二维数组的表格型数据结构，既有行索引又有列索引，可以理解为由行、列数据组成的二维表结构，也可以理解为由相同索引的 Series 组成的字典类型。可以使用 pandas.DataFrame() 来创建 DataFrame。

其基本语法如下。

```
pandas.DataFrame(data, index, columns, dtype, copy)
```

DataFrame 的参数如表 8-9 所示。

表 8-9  DataFrame 的参数

| 参数 | 描述 |
|---------|-------------------------------------------|
| data | 一组数据（包含 Series、array、list、dict 等类型） |
| index | 行标签 |
| columns | 列标签 |
| dtype | 数据类型 |
| copy | 复制数据，默认为 False |

📖【例 8-15】创建 DataFrame。

本例将介绍通过 array()、list、dict、Series()分别创建 DataFrame 的方法。

```python
import numpy as np
import pandas as pd
# 通过 array()创建 DataFrame
data1 = np.array([[84,79,92],[75,69,88],[95,83,86],[88,93,76]])
index1 = ['张三','李四','王五','赵六']
columns1 = ['语文','数学','英语']
df1 = pd.DataFrame(data1,index1,columns1)
# 通过 list 创建 DataFrame
data2 = [[95,65,75],[70,95,88],[80,90,86],[90,93,80]]
index2 = ['郭靖','黄蓉','杨康','杨过']
columns2 = ['武力值','智商','情商']
df2 = pd.DataFrame(data2,index2,columns2)
# 通过 dict 创建 DataFrame
data3 = {'吕布':[100,43,40,20],'关羽':[98,82,79,60],'赵云':[99,87,89,99],'马超':[97,85,62,55]}
index3 = ['武力值','统率值','智力值','人格值']
df3 = pd.DataFrame(data3,index=index3)
# 通过 Series()创建 DataFrame
arr = np.array([99,87,89,99])
s1 = pd.Series(arr)
s2 = pd.Series([100,43,40,20])
df4 = pd.DataFrame(list(zip(s1,s2)),index=['武力值','统率值','智力值','人格值'],columns=['赵云','吕布'])
print('1.通过 array()创建 DataFrame: '+'\n'+str(df1))
print('2.通过 list 创建 DataFrame: '+'\n'+str(df2))
print('3.通过 dict 创建 DataFrame: '+'\n'+str(df3))
print('4.通过 Series()创建 DataFrame: '+'\n'+str(df4))
```

例 8-15 的运行结果如图 8-23 所示。

```
1.通过array()创建 DataFrame:
     语文  数学  英语
张三   84   79   92
李四   75   69   88
王五   95   83   86
赵六   88   93   76
2.通过list创建 DataFrame:
     武力值  智商  情商
郭靖   95   65   75
黄蓉   70   95   88
杨康   80   90   86
杨过   90   93   80
3.通过dict创建 DataFrame:
       吕布  关羽  赵云  马超
武力值  100   98   99   97
统率值   43   82   87   85
智力值   40   79   89   62
人格值   20   60   99   55
4.通过Series()创建 DataFrame:
     赵云  吕布
武力值  99   100
统率值  87   43
智力值  89   40
人格值  99   20
```

图 8-23 创建 DataFrame

注意，在 Jupyter Notebook 中，直接访问 DataFrame 可以得到更好的显示效果，如 df3 的运行结果如图 8-24 所示。

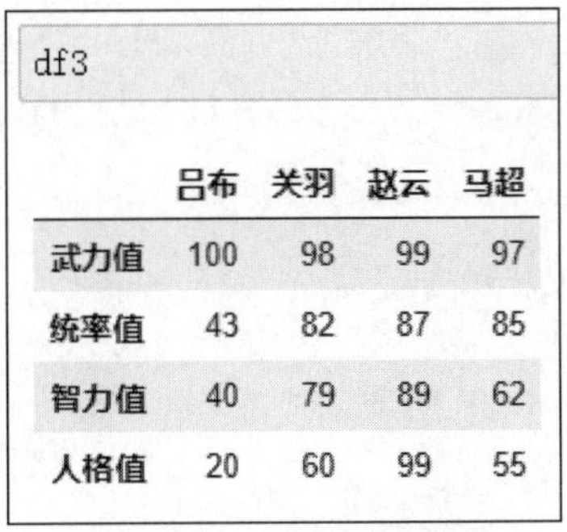

| df3 | 吕布 | 关羽 | 赵云 | 马超 |
|-----|------|------|------|------|
| 武力值 | 100 | 98 | 99 | 97 |
| 统率值 | 43 | 82 | 87 | 85 |
| 智力值 | 40 | 79 | 89 | 62 |
| 人格值 | 20 | 60 | 99 | 55 |

图 8-24　df3 的运行结果

DataFrame 在数据分析中的应用很多。DataFrame 常用属性和方法如表 8-10 所示。

表 8-10　DataFrame 常用属性和方法

| 分类 | 名称 | 描述 |
|------|------|------|
| 属性 | index | 查看、重命名行标签 |
| | columns | 查看、重命名列标签 |
| | dtypes | 查看数据类型 |
| | values | 查看所有元素的值 |
| | ndim | 查看维度 |
| | shape | 查看形状 |
| | size | 查看元素个数 |
| | T | 行、列数据转置 |
| | at | 以行名、列名获取单个数据 |
| | iat | 以行、列索引获取单个数据 |
| | loc | 以行名、列名获取多个数据 |
| | iloc | 以行、列索引获取多个数据 |
| 方法 | info() | 查看索引、数据类型、内存等信息 |
| | describe() | 查看每列的统计汇总信息 |
| | head() | 查看前 $n$ 条数据，默认查看 5 条 |
| | tail() | 查看后 $n$ 条数据，默认查看 5 条 |
| | isnull() | 检查数据是否为空 |
| | notnull() | 检查数据是否不为空 |

📖【例 8-16】DataFrame 方法的应用。

本例将展示 DataFrame 相关属性和方法的应用。首先通过 array()创建一个 DataFrame，然后查看数据类型、维度、形状、元素个数等。

```
import numpy as np
import pandas as pd
# 构建数据
```

```
data5 = np.array([[99,72,91,94],[98,63,98,93],[98,38,100,95],[95,71,96,86],
         [94,65,95,87],[96,92,74,70],[95,92,78,58],[88,15,96,84]])
index5 = ['曹操','司马懿','诸葛亮','周瑜','陆逊','孙策','张辽','郭嘉']
columns5 = ['统率值','武力值','智力值','人格值']
df5 = pd.DataFrame(data5,index5,columns5)
print('查看数据类型: '+'\n'+str(df5.dtypes))
print('查看维度: '+str(df5.ndim))
print('查看形状: '+str(df5.shape))
print('查看元素个数: '+str(df5.size))
print('查看诸葛亮的武力值: '+str(df5.at['诸葛亮','武力值']))
print('查看郭嘉的智力值: '+str(df5.iat[7,2]))
```

例 8-16 的运行结果如图 8-25 所示。

```
查看数据类型:
统率值   int32
武力值   int32
智力值   int32
人格值   int32
dtype: object
查看维度: 2
查看形状: (8, 4)
查看元素个数: 32
查看诸葛亮的武力值: 38
查看郭嘉的智力值: 96
```

图 8-25　DataFrame 属性的应用

DataFrame 的方法可直接在 Jupyter Notebook 中运行，显示效果会更好，如图 8-26 所示。

`df5.describe()`

|  | 统率值 | 武力值 | 智力值 | 人格值 |
|---|---|---|---|---|
| count | 8.000000 | 8.000000 | 8.000000 | 8.000000 |
| mean | 95.375000 | 63.500000 | 91.000000 | 83.375000 |
| std | 3.461523 | 26.071331 | 9.665846 | 13.004807 |
| min | 88.000000 | 15.000000 | 74.000000 | 58.000000 |
| 25% | 94.750000 | 56.750000 | 87.750000 | 80.500000 |
| 50% | 95.500000 | 68.000000 | 95.500000 | 86.500000 |
| 75% | 98.000000 | 77.000000 | 96.500000 | 93.250000 |
| max | 99.000000 | 92.000000 | 100.000000 | 95.000000 |

`df5.head()`

|  | 统率值 | 武力值 | 智力值 | 人格值 |
|---|---|---|---|---|
| 曹操 | 99 | 72 | 91 | 94 |
| 司马懿 | 98 | 63 | 98 | 93 |
| 诸葛亮 | 98 | 38 | 100 | 95 |
| 周瑜 | 95 | 71 | 96 | 86 |
| 陆逊 | 94 | 65 | 95 | 87 |

图 8-26　DataFrame 方法的应用

### 8.3.3 pandas 常用数据分析函数

pandas 提供了丰富的数据处理与分析函数，覆盖数据导入、数据清洗、数据统计分析、数据处理、数据导出等数据分析关键流程。

pandas 常用数据分析函数

pandas 可以支持 Excel、CSV、SQL 等多种文件（或格式）的导入；提供去除重复值、填充缺失值等函数，可以方便地进行数据清洗；提供平均值、中位数、众数等度量数据集中趋势的相关函数；提供方差、标准差等度量数据离散程度的相关函数；提供数据重塑、排序、转换、分组等数据处理相关函数；提供导出 Excel、CSV、SQL 等文件（或格式）的相关函数。pandas 常用数据分析函数如表 8-11 所示。

表 8-11　pandas 常用数据分析函数

| 关键流程 | 函数 | 描述 |
|---|---|---|
| 数据导入 | read_table() | 读取带分隔符的常规文件 |
| | read_CSV() | 读取 CSV 文件 |
| | read_excel() | 读取 Excel 文件 |
| | read_JSON() | 读取 JSON 文件 |
| | read_html() | 读取 HTML 文件 |
| | read_sql() | 读取 SQL 文件 |
| 数据清洗 | drop() | 删除行、列 |
| | drop_duplicates() | 去除重复值 |
| | dropna() | 删除缺失值 |
| | duplicated() | 判断每一行数据是否重复 |
| | fillna() | 填充缺失值 |
| | filter() | 通过指定条件筛选数据 |
| | replace() | 批量替换数据 |
| 数据统计分析 | abs() | 绝对值 |
| | corr() | 相关系数 |
| | describe() | 描述性统计 |
| | max()、min() | 返回每一列的最大值或最小值 |
| | mean() | 平均值 |
| | median() | 中位数 |
| | mode() | 众数 |
| | rank() | 数据排名 |
| | sum() | 求和 |
| | std() | 标准差 |
| | var() | 方差 |
| | count() | 返回每一行中非空值的个数 |

| 分类 | 函数 | 描述 |
|---|---|---|
| 数据处理（重塑、排序、转换、分组等） | pivot_table() | 数据透视表 |
| | sort()、sort_index()、sort_values() | 数据排序 |
| | stack() | 将列索引转换成最内层的行索引 |
| | unstack() | 将最内层的行索引转换成列索引 |
| | aggregate() | 对分组后的数据进行聚合操作 |
| | groupby() | 数据分组 |
| | apply() | 应用函数 |
| | append() | 增加数据 |
| | concat() | 合并数据 |
| | update() | 更新数据 |
| 数据导出 | to_CSV() | 输出为 CSV 文件 |
| | to_excel() | 输出为 Excel 文件 |
| | to_JSON() | 输出为 JSON 文件 |
| | to_html() | 输出为 HTML 文件 |
| | to_sql() | 输出为 SQL 文件 |

## 8.4 Matplotlib 可视化图库

在使用 Python 进行数据分析时，不仅需要使用数据可视化技术直观地进行数据探索性分析，还需要使用数据可视化技术将最终结果呈现出来，以方便查看和理解。Matplotlib 是 Python 中最基础、最核心的数据可视化图库之一。

### 8.4.1 数据可视化介绍

数据可视化是关于数据视觉表现形式的科学技术研究。相比于传统图表与数据仪表盘，数据可视化致力于用更生动、更友好的形式，即时呈现隐藏在瞬息万变、庞大、复杂的数据背后的业务。

数据可视化介绍

#### 1. 数据可视化特性

数据可视化具有真实性、直观性、关联性、艺术性和交互性五大特性，如图 8-27 所示。

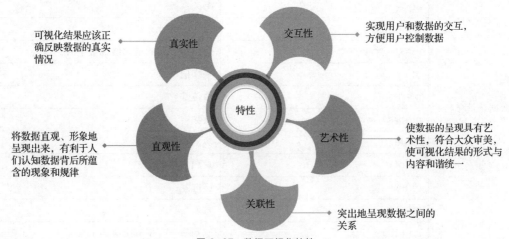

图 8-27　数据可视化特性

### 2. 可视化图的分类

表 8-12 所示为可视化图的分类，可视化图按照用途可以分为以下 5 类。

- 类别比较型：比较类别之间的差异，如柱形图。
- 数据关系型：查看两个或两个以上变量之间的关系，如散点图。
- 数据分布型：查看数据的分布情况，如箱线图。
- 时间序列型：查看数据随时间的变化趋势，如折线图。
- 地理空间型：描述地理分布，如地图。

**表 8-12　可视化图的分类**

| 分类 | 名称 | 作用 |
| --- | --- | --- |
| 类别比较型 | 柱形图 | 柱形图适用于二维数据集（有 $x$ 轴、$y$ 轴），能够对二维数据集的其中一个维度的数据进行比较，利用柱子的高度来反映数据的差异；在二维数据集中，文本维度或时间维度通常为 $x$ 轴，数值型维度通常为 $y$ 轴 |
| | 饼图 | 饼图适用于反映二维数据中一个维度数据的占比情况（各项占总体的比例），多用于反映某个部分占整体的比例；但是饼图的数据不精细，不适用于分类较多的情况 |
| | 雷达图 | 雷达图适用于多维数据（四维以上），且每个维度必须可以排序，常用于多项指标的综合分析，如经营状况、财务健康程度分析；但是，雷达图的数据点最多只能有 6 个，否则难以辨别各数据点之间的差异 |
| 数据关系型 | 散点图 | 散点图适用于二维数据（两个连续字段分别映射到 $x$ 轴、$y$ 轴），常用于查看变量间的关系；也可用于三维数据，即可以用形状或颜色标识第三维 |
| | 气泡图 | 气泡图是散点图的一种变体，通过每个点的面积来反映第三维；因为用户不善于判断面积大小，所以气泡图只适用于不要求精确辨识第三维的场合 |
| 数据分布型 | 直方图 | 直方图适用于展示数据在不同区间内的分布情况。柱形图矩形长度代表频数，宽度代表类别，面积无意义；直方图矩形长度代表频数，宽度代表组距，面积有意义 |
| | 箱线图 | 箱线图是一种用于显示数据分布情况的统计图，用最大值、最小值、中位数、上四分位数、下四分位数这 5 个数字对分布情况进行描述 |
| | 热力图 | 热力图适用于三维数据（3 个连续字段，其中两个连续字段分别映射到 $x$ 轴、$y$ 轴，第 3 个连续字段映射到颜色），以高亮形式展现数据，常和地图组合，用于表现道路交通状况 |
| 时间序列型 | 折线图 | 折线图适用于多个二维数据集的比较，适用于数据量较大的数据 |
| 地理空间型 | 地图 | 地图需要用到坐标维度，可以是经纬度，也可以是地域名称，可以与散点图、热力图等结合使用 |

## 8.4.2　Matplotlib 基础操作

Matplotlib 不仅提供散点图、折线图、饼图等常用的图表绘制函数，还提供丰富的画布设置、颜色设置等方法。

### 1. Matplotlib 的基本绘图函数

Matplotlib 的 pyplot 包中封装了很多绘图函数，包括折线图、柱形图、饼

Matplotlib 基础操作

图等。其中，plot()函数是最基本的绘图函数之一。plot()函数的基本语法如下。

```
matplotlib.pyplot.plot(x,y,format_string, **kwargs)
```

plot()函数的参数如表 8-13 所示。

表 8-13　plot()函数的参数

| 参数 | 描述 |
| --- | --- |
| x | $x$ 轴数据 |
| y | $y$ 轴数据 |
| format_string | 用于控制曲线格式，包括曲线颜色、线条格式、标记样式 |
| **kwargs | 键值参数 |

接下来以具体的例子演示 plot()函数的基本使用，如例 8-17 所示。

【例 8-17】plot()函数的基本使用。

本例使用 pyplot 中的 plot()函数绘制折线图。

```
import numpy as np
import matplotlib.pyplot as plt
x1 = np.arange(1,10,2)
y1 = np.linspace(10,20,5)
# 绘制折线图
plt.plot(x1,y1,color='b',linestyle='-',marker='o')
plt.show()
```

例 8-17 的运行结果如图 8-28 所示。

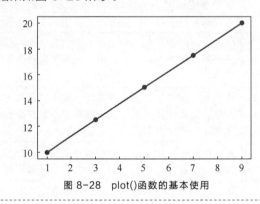

图 8-28　plot()函数的基本使用

在上面的代码中，color 用于设置曲线颜色，linestyle 用于设置线条格式，marker 用于设置标记样式。color、linestyle、marker 的取值如表 8-14 所示。

表 8-14　color、linestyle、marker 的取值

| 分类 | 取值 | 描述 |
| --- | --- | --- |
| color<br>（曲线颜色） | 'b' | 蓝色 |
| | 'g' | 绿色 |
| | 'r' | 红色 |
| | 'y' | 黄色 |

续表

| 分类 | 取值 | 描述 |
|---|---|---|
| color<br>(曲线颜色) | 'c' | 青色 |
| | 'k' | 黑色 |
| | 'm' | 品红色 |
| | 'w' | 白色 |
| | '#FFB6C1'（以十六进制表示的颜色值） | 浅粉红色 |
| linestyle<br>(线条格式) | '-' 或 'solid' | 实线，默认值 |
| | ':' 或 'dotted' | 点虚线 |
| | '-.' 或 'dashdot' | 点画线 |
| | '--' 或 'dashed' | 双下画线 |
| | '' 或 'None' | 无线条 |
| marker<br>(标记样式) | ',' | 像素，默认值 |
| | '.' | 点 |
| | 'o' | 实心圆 |
| | 'v' | 朝下的三角形 |
| | '^' | 朝上的三角形 |
| | '<' | 朝左的三角形 |
| | '>' | 朝右的三角形 |
| | '1' | 下花三角 |
| | '2' | 上花三角 |
| | '3' | 左花三角 |
| | '4' | 右花三角 |
| | 's' | 实心正方形 |
| | 'p' | 实心五边形 |
| | '*' | 星形 |
| | 'h' | 竖六边形 |
| | 'H' | 横六边形 |
| | '+' | 加号 |
| | 'x' | 叉号 |
| | 'D' | 大菱形 |
| | 'd' | 小菱形 |
| | '|' | 垂直线 |
| | '_' | 水平线 |

### 2. Matplotlib 图表常用设置

除了对曲线格式进行设置之外，还可以使用 figure()函数对画布、标题、网格线等进行设置。设置画布的基本语法如下。

```
matplotlib.pyplot.figure(num,figsize,dpi,facecolor,edgecolor,frameon=True)
```

figure()函数的参数如表 8-15 所示。

表 8-15　figure()函数的参数

| 参数 | 描述 |
| --- | --- |
| num | 图像编号或名称 |
| figsize | 指定画布的大小 |
| dpi | 分辨率 |
| facecolor | 背景颜色 |
| edgecolor | 边框颜色 |
| frameon | 是否显示边框，默认为 True |

标题、网格线等其他图表设置如表 8-16 所示。

表 8-16　其他图表设置

| 函数 | 描述 | 举例 |
| --- | --- | --- |
| title() | 设置图表标题 | matplotlib.pyplot.title（"折线图",{'fontsize':15, 'va': 'bottom'}） |
| xlabel() | 设置 x 轴标题 | matplotlib.pyplot.xlabel（"x轴"） |
| ylabel() | 设置 y 轴标题 | matplotlib.pyplot.ylabel（"y轴"） |
| xticks() | 设置 x 轴刻度 | matplotlib.pyplot.xticks（[2,4,6,8]） |
| yticks() | 设置 y 轴刻度 | matplotlib.pyplot.yticks（[1,2,3,4]） |
| grid() | 设置网格线 | matplotlib.pyplot.grid（color='#191970',axis='x'） |
| legend() | 设置图例 | matplotlib.pyplot.legend（('图例',),loc='upper left',fontsize=10） |

📖【例 8-18】Matplotlib 图表常用设置。

本例在例 8-17 的基础上增加图表常用设置，以丰富折线图的显示效果。

```python
import numpy as np
import matplotlib.pyplot as plt
#正常显示中文标签
plt.rcParams['font.sans-serif']=['SimHei']
# 设置画布尺寸、分辨率、背景颜色
plt.figure(figsize=(10,6),dpi=150,facecolor='#E1FFFF')
# 设置标题，字典类型用于设置标题字体样式，pad 用于设置标题到图表顶部的距离
plt.title("折线图",{'fontsize':15,'va':'bottom'},pad=15,color=
'#0000FF')
# 设置 x、y 轴标题
plt.xlabel("x轴")
plt.ylabel("y轴")
x2 = np.arange(1,10,2)
y2 = np.linspace(10,20,5)
# 绘制折线图，color 用于设置曲线颜色，linestyle 用于设置线条格式，marker 用于设置
#标记样式
plt.plot(x2,y2,color='b',linestyle='-',marker='o')
# 设置坐标轴刻度
plt.xticks([2,4,6,8])
# 设置网格线，linewidth 用于设置宽度，axis='x'用于隐藏和 x 轴平行的网格线
plt.grid(color='#191970',linestyle=':',linewidth=1,axis='x')
# 设置图例，loc 用于设置图例显示位置
```

```
plt.legend(('图例',),loc='upper left',fontsize=10)
plt.show()
```
例 8-18 的运行结果如图 8-29 所示。

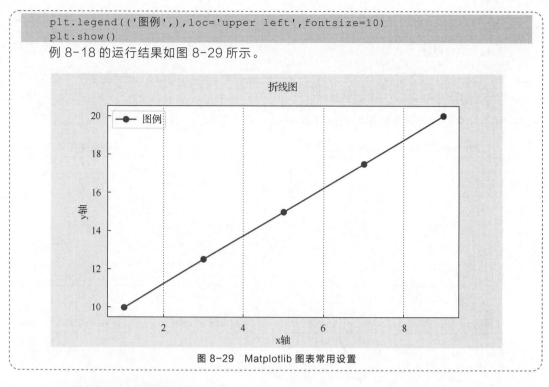

图 8-29　Matplotlib 图表常用设置

### 3.　Matplotlib 绘制子图

使用 Matplotlib 可以绘制子图，即把多张图绘制到同一个显示界面中，以便对比分析。Matplotlib 绘制子图时常用的两个函数为 matplotlib.pyplot 的 subplot()函数和 matplotlib.pyplot.figure 的 add_subplot()函数。

📖【例 8-19】使用 Matplotlib 绘制子图。

本例使用 matplotlib.pyplot 的 subplot()函数和 matplotlib.pyplot.figure 的 add_subplot()函数绘制 4 幅子图。

```
import numpy as np
import matplotlib.pyplot as plt
# 正常显示中文标签
plt.rcParams['font.sans-serif']=['SimHei']
# 设置正常显示符号
plt.rcParams['axes.unicode_minus'] = False
plt.figure(figsize=(10,6),dpi=100)
# 使用 matplotlib.pyplot 的 subplot()函数
# 绘制第 1 幅图
x1=np.arange(1,50,2)
plt.subplot(221)
plt.title('使用 matplotlib.pyplot 的 subplot()函数绘制图 1')
plt.plot(x1,x1*x1)
# 绘制第 2 幅图
plt.subplot(222)
plt.title('使用 matplotlib.pyplot 的 subplot()函数绘制图 2')
plt.plot(x1,1/x1)
# 重新设置画布
fig=plt.figure(figsize=(10,6),dpi=100)
# 绘制第 3 幅图
x2=np.arange(0, 3* np.pi, 0.1)
ax1=fig.add_subplot(221)
```

```
plt.title('使用 matplotlib.pyplot.figure 的 add_subplot()函数绘制图 3')
ax1.plot(x2,np.sin(x2))
# 绘制第 4 幅图
ax2=fig.add_subplot(222)
plt.title('使用 matplotlib.pyplot.figure 的 add_subplot()函数绘制图 4')
ax2.plot(x2,np.cos(x2))
plt.show()
```

例 8-19 的运行结果如图 8-30 所示。

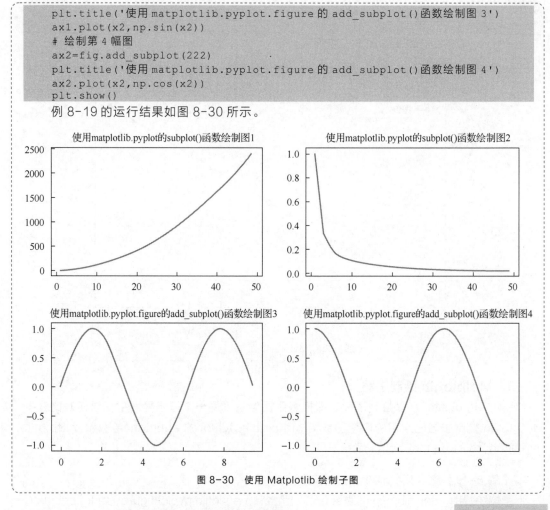

图 8-30　使用 Matplotlib 绘制子图

### 8.4.3　Matplotlib 常用绘图函数

使用 Matplotlib 可以绘制多种图形，包括柱形图、饼图、散点图等。

#### 1.　柱形图函数——bar()

柱形图又称为柱状图或长条图，是一种以长方形的长度为度量的统计图表。柱形图是最常用的图表之一，旨在利用"柱子"的高度反映数据的差异，适用于在二维（$x$ 轴、$y$ 轴）数据集中进行某个维度的数据的比较，文本维度或时间维度通常作为 $x$ 轴，数值型维度通常作为 $y$ 轴。使用 Matplotlib 的 bar()函数绘制柱形图的基本语法如下。

Matplotlib 常用
绘图函数

```
matplotlib.pyplot.bar(x,height,width,bottom,align='center',**kwargs)
```

bar()函数的参数如表 8-17 所示。

表 8-17　bar()函数的参数

| 参数 | 描述 |
| --- | --- |
| x | $x$ 轴的位置，用于确定每个柱形的位置 |
| height | 柱形图的高度，用于确定每个柱形的高度 |
| width | 柱形图的宽度，默认为 0.8 像素 |

| 参数 | 描述 |
|------|------|
| bottom | 柱形图的纵坐标，默认为 None |
| align | 对齐方式，默认值为'center' |
| **kwargs | 其他可选参数，如 color、alpha、label 等 |

### 2. 饼图函数——pie()

饼图常用来表示一组数据的占比，可以用扇面、圆环或者多圆环嵌套的形式展示。饼图适用于在二维数据中展示某个维度数据的占比情况（各项占总体的比例），多用于反映某一个部分占整体的比例。饼图数据不精细，不适用于分类较多的情况。使用 Matplotlib 的 pie()函数绘制饼图的基本语法如下。

```
matplotlib.pyplot.pie(x,explode,labels,colors,autopct,pctdistance,shadow,
   labeldistance,radius,counterclock,wedgeprops,textprops,center,frame,rotate
labels)
```

pie()函数的参数如表 8-18 所示。

表 8-18　pie()函数的参数

| 参数 | 描述 |
|------|------|
| x | 每一块饼图的比例 |
| explode | 每一块饼图距离中心的位置 |
| labels | 标签，可设置每一块饼图外侧显示的文字说明 |
| colors | 每一块饼图的颜色 |
| autopct | 饼图百分比 |
| pctdistance | 饼图百分比的位置刻度，默认为 0.6 |
| shadow | 在饼图下面绘制阴影，默认为 False |
| labeldistance | 绘制标记的位置，默认为 1.1 |
| radius | 饼图半径，默认为 1 |
| counterclock | 指针方向，True 表示逆时针，False 表示顺时针，默认为 True |
| wedgeprops | 可用于设置 wedge 线宽，字典类型 |
| textprops | 标签和比例文字的格式，字典类型 |
| center | 表示图表中心的位置，默认为（0,0） |
| frame | 表示是否显示轴框架，默认为 False（即不显示轴框架） |
| rotatelabels | 旋转标签角度，默认为 False |

### 3. 散点图函数——scatter()

散点图主要用于查看变量间的关系，适用于二维数据，两个连续字段分别映射到 $x$ 轴、$y$ 轴，并观察数据的分布情况；也可用于三维数据，用形状或颜色标识第三维。使用 Matplotlib 的 scatter()函数绘制散点图的基本语法如下。

```
matplotlib.pyplot.scatter(x, y,s,c,marker,cmap,norm,vmin, vmax,alpha,
   linewidths,edgecolors,**kwargs)
```

scatter()函数的参数如表 8-19 所示。

表 8-19　scatter()函数的参数

| 参数 | 描述 |
|---|---|
| x、y | 数据 |
| s | 标记大小 |
| c | 标记颜色，默认为蓝色 |
| marker | 标记样式，默认为'o' |
| cmap | 颜色地图 |
| norm、vmin、vmax | norm 与 vmin、vmax 一起使用以设置亮度，如果传递 norm 实例，则 vmin 和 vmax 将被忽略 |
| alpha | 透明度（0～1 中的数值） |
| linewidths | 线宽，标记边缘宽度 |
| edgecolors | 轮廓颜色 |
| **kwargs | 其他参数 |

除了可以使用 Matplotlib 绘制柱形图、饼图、散点图以外，还可以绘制直方图、箱线图、折线图、热力图等，其常用绘图函数如表 8-20 所示。

表 8-20　Matplotlib 常用绘图函数

| 函数 | 描述 | 举例 |
|---|---|---|
| bar() | 柱形图 | matplotlib.pyplot.bar（index,y11,width=width,color='#4682B4'） |
| pie() | 饼图 | matplotlib.pyplot.pie（x,colors=colors,labels=labels,autopct='%1.1f%%'） |
| scatter() | 散点图 | matplotlib.pyplot.scatter（x1, y1,s=s,c=c,alpha=0.7） |
| hist() | 直方图 | matplotlib.pyplot.hist（x,bins=bins,edgecolor='#48D1CC',alpha=0.7） |
| boxplot() | 箱线图 | matplotlib.pyplot.boxplot（[x31,x32,x33],patch_artist=True） |
| plot() | 折线图 | matplotlib.pyplot.plot（x2,y2,color='b',linestyle='-',marker='o'） |
| imshow() | 热力图 | matplotlib.pyplot.imshow（x41,cmap = plt.cm.hot） |

 技能实训

### 实训 8.1　使用 NumPy 统计学生成绩

[实训背景]

NumPy 是 Python 中专门用于数值计算的库，它的核心是高性能的多维数组及处理这个数组的强大的工具集。NumPy 是 Python 运用于人工智能和科学计算的重要基础。

[实训目的]

① 掌握 NumPy 的基本使用方法。

② 能够自定义 dtype 类型。

[核心知识点]

NumPy 基本操作。

使用 NumPy 统计
学生成绩

[实现思路]

① 自定义 dtype 类型构建数据。

② 使用 NumPy 中的统计函数计算平均成绩、最小值、最大值、方差、标准差，并定义函数展示成绩。

③ 输出成绩。

④ 使用 sort() 函数对成绩进行排序并输出。

[实现代码]

一个班级的 A 小组共有 8 位学生，每位学生的成绩如表 8-21 所示。

表 8-21　某班 A 小组学生成绩

| 姓名 | 语文成绩 | 数学成绩 | 英语成绩 |
|------|----------|----------|----------|
| Tom | 75.5 | 89 | 90 |
| Jack | 85 | 96 | 88.5 |
| Rose | 85 | 92.5 | 96.5 |
| Louise | 65 | 85 | 77.5 |
| Daniel | 88 | 45 | 78 |
| Jesse | 65 | 85.5 | 87.5 |
| John | 45 | 96 | 71 |
| Bette | 69 | 72 | 96 |

现在需要分别统计 A 小组语文、数学、英语的平均成绩、最小值、最大值、方差、标准差，统计每位学生的总成绩并进行排序。

实训 8.1 的实现代码如例 8-20 所示。

📖【例 8-20】使用 NumPy 统计学生成绩。

本例使用 NumPy 统计学生成绩。首先自定义 dtype 类型，然后构建数据集 students，统计每位学生的总成绩，定义函数 show() 来展示成绩，最后输出成绩，并使用 sort() 函数对成绩进行排序。

```python
import numpy as np
# 自定义 dtype 类型, total 用于统计每位学生的总成绩
score_type = np.dtype({
    'names':['name', 'chinese', 'math', 'english','total'],
    'formats':['S128', 'f', 'f', 'f','f']})
# 构建数据集
students = np.array([("Tom",75.5,89,90,0),
                     ("Jack",85,96,88.5,0),
                     ("Rose",85,92.5,96.5,0),
                     ("Louise",65,85,77.5,0),
                     ("Daniel",88,45,78,0),
                     ("Jesse",65,85.5,87.5,0),
                     ("John",45,96,71,0),
                     ("Bette",69,72,96,0)],
                    dtype=score_type)
chinese = students[:]['chinese']
math = students[:]['math']
english = students[:]['english']
# 统计每位学生的总成绩
students[:]['total'] = chinese + math + english
# 定义 show() 函数展示成绩
def show(name,score):
```

```
    print('{} | {} | {} | {} | {} | {} '
          .format(name,np.mean(score),np.min(score),np.max(score),np.var(
score),np.std(score)))

    # 输出成绩
    print("科目 | 平均成绩 | 最小值 | 最大值 | 方差 | 标准差")
    show("语文", chinese)
    show("数学", math)
    show("英语", english)
    print("=================================================")
    print("输出总成绩，并降序排列")
    # 使用 sort()函数对成绩进行排序
    print(np.sort(students,order='total')[::-1])
```

**[运行结果]**

例 8-20 的运行结果如图 8-31 所示。

```
科目 | 平均成绩 |最小值| 最大值|    方差    |    标准差
语文 | 72.1875 | 45.  | 88.0 | 180.24609375 | 13.425576210021973
数学 | 82.625 | 45.0 | 96.0 | 254.796875 | 15.962358474731445
英语 | 85.625 | 71.0 | 96.5 | 74.359375 | 8.623188018798828
=================================================
输出总成绩，并降序排列
[(b'Rose', 85. , 92.5, 96.5, 274. ) (b'Jack', 85. , 96. , 88.5, 269.5)
 (b'Tom', 75.5, 89. , 90. , 254.5) (b'Jesse', 65. , 85.5, 87.5, 238. )
 (b'Bette', 69. , 72. , 96. , 237. ) (b'Louise', 65. , 85. , 77.5, 227.5)
 (b'John', 45. , 96. , 71. , 212. ) (b'Daniel', 88. , 45. , 78. , 211. )]
```

图 8-31　使用 NumPy 统计学生成绩

## 实训 8.2　使用 SciPy 实现正态分布

使用 SciPy 实现
正态分布

**[实训背景]**

正态分布（Normal Distribution）又称高斯分布（Gaussian Distribution），最早由棣莫弗于 1733 年在求二项分布的渐行公式中得到。高斯在研究测量误差时从另一角度推导出了该公式。

正态分布公式如下。

$$f(x) = \frac{1}{\sqrt{2\pi}\sigma}\exp\left(-\frac{(x-\mu)^2}{2\sigma^2}\right)$$

公式表示：若随机变量 $x$ 服从数学期望为 $\mu$、方差为 $\sigma^2$ 的正态分布，则记为 $N(\mu,\sigma^2)$。其概率密度函数为 $f(x)$，正态分布的期望 $\mu$ 决定了其位置，标准差 $\sigma$ 决定了其分布的幅度。当 $\mu=0$、$\sigma=1$ 时，对应的正态分布是标准正态分布。正态分布曲线如图 8-32 所示。

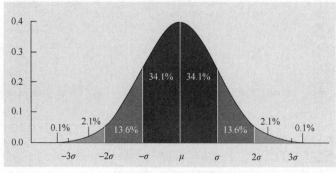

图 8-32　正态分布曲线

从图 8-32 中可以看出，函数 $f(x)$ 的峰值在 $x=\mu$ 处，此时函数值 $y$ 为 $\dfrac{1}{\sqrt{2\pi}\sigma}$，其在 $x=\mu$ 的左右两侧是对称的，$x$ 在 $\mu-\sigma$ 和 $\mu+\sigma$ 之间的样本数量约占整个样本数量的 68.2%。若 $\mu$ 变大，则整条函数曲线的中轴向右挪动；若 $\mu$ 变小，则整条函数曲线的中轴向左挪动。若 $\sigma$ 较大，则整条曲线比较长，整个坡度比较平缓；若 $\sigma$ 较小，则整条曲线比较短，整个坡度比较陡峭。

假如对某一个地区的男性身高进行随机抽样，一共抽取 1000 人，可以发现他们的身高服从 $\mu=170cm$、$\sigma=10cm$ 的正态分布，不同身高范围人数分布情况如下。

身高在 160～169cm 的人大概有 341 位。

身高在 170～179cm 的人大概有 341 位。

身高在 150～159cm 的人大概有 136 位。

身高在 180～189cm 的人大概有 136 位。

身高在 140～149cm 的人大概有 21 位。

身高在 190～199cm 的人大概有 21 位。

这些人数占统计总人数的 99.6%。

[实训目的]

① 了解正态分布。

② 熟悉在 SciPy 的 stats 模块中，使用 norm 函数实现正态分布的常用方法。

[核心知识点]

SciPy 科学计算库。

[实现思路]

① 使用 NumPy 构建数据。

② 使用 stats.norm.pdf() 实现概率密度函数。

③ 绘制正态分布曲线。

④ 计算累积概率，查看 cdf() 的反函数。

[实现代码]

在 SciPy 的 stats 模块中，使用 norm 函数可以实现正态分布。norm 中的常用方法如表 8-22 所示。

表 8-22　norm 中的常用方法

| 方法 | 描述 |
| --- | --- |
| pdf() | 概率密度函数，相当于已知正态分布函数曲线和 $x$ 值，求 $y$ 值 |
| cdf() | 累积概率密度函数，相当于已知正态分布函数曲线和 $x$ 值，求函数 $x$ 点左侧积分 |
| ppf() | 累积概率密度函数的反函数 |

📖【例 8-21】使用 SciPy 实现标准正态分布。

本例使用 norm 实现某地区男性身高的正态分布，并使用 Matplotlib 绘制出标准正态分布曲线。

```
import numpy as np
from scipy import stats
import matplotlib.pyplot as plt
# 某地区男性身高满足 μ = 1.7、σ = 0.1 的正态分布（单位是米）
```

```
x1 = np.linspace(1.2,2.2,10000)
y1 = stats.norm.pdf(x1, 1.7, 0.1)
plt.rcParams['font.sans-serif'] = ['SimHei']
plt.figure(figsize=(10,6))
plt.plot(x1, y1)
# 输出结果图
plt.show()
# 累积概率密度函数
p = stats.norm.cdf(1.8,1.7,0.1)
print('身高 1.8 米左侧的累积概率约为'+str(np.around(p,3)))
# 累积概率密度函数的反函数
p_ppf = stats.norm.ppf(p,1.7,0.1)
print('累积概率为'+str(np.around(p,3))+'的身高为'+str(p_ppf)+'米')
```

[运行结果]

例 8-21 的运行结果图如图 8-33 所示。

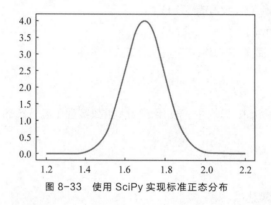

图 8-33　使用 SciPy 实现标准正态分布

例 8-21 的打印输出结果如下。

身高 1.8 米左侧的累积概率约为：0.841

累积概率为 0.841 的身高为 1.8 米

## 实训 8.3　使用 pandas 对三国名将综合能力进行分析

[实训背景]

pandas 是一个基于 NumPy 构建的含有高级数据结构和分析能力的工具包，提供大量快速、便捷处理数据的函数和方法，它是使 Python 成为强大而高效的数据分析环境的重要因素之一。

[实训目的]

① 掌握 pandas 常用数据分析函数的使用方法。

② 了解数据分析流程。

[核心知识点]

pandas 常用数据分析函数。

[实现思路]

① 将数据上传至 Jupyter Notebook 中。

② 数据导入。

③ 数据清洗。

④ 数据分析。

使用 pandas 对
三国名将综合能力
进行分析

⑤ 数据导出。

**[实现代码]**

现有一份三国名将能力数据，包括姓名、统率值、武力值、智力值、人格值 5 个字段，部分数据信息如图 8-34 所示。

| 姓名 | 统率值 | 武力值 | 智力值 | 人格值 |
|------|--------|--------|--------|--------|
| 曹操 | 99 | 72 | 91 | 94 |
| 司马懿 | 98 | 63 | 98 | 93 |
| 诸葛亮 | 98 | 38 | 100 | 95 |
| 周瑜 | 95 | 71 | 96 | 86 |
| 陆逊 | 94 | 69 | 95 | 87 |
| 孙坚 | 94 | 90 | 79 | 73 |
| 关羽 | 97 | 97 | 79 | 62 |
| 邓艾 | 93 | 87 | 89 | 81 |

图 8-34　三国名将能力数据（部分）

使用 pandas 对三国名将能力数据进行清洗并对三国名将综合能力进行分析。

本实训实现过程如下。

（1）单击"Upload"按钮，将"general_sg.xlsx"数据文件上传到 Jupyter Notebook 中，如图 8-35 所示。

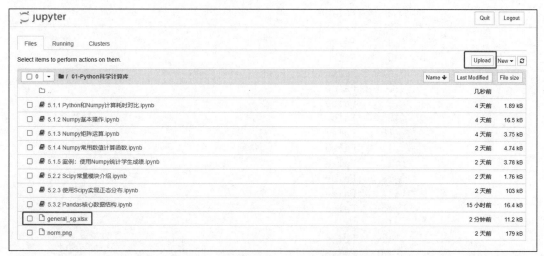

图 8-35　上传数据至 Jupyter Notebook 中

（2）导入数据并查看基本信息。

📖 **【例 8-22】** 导入数据并查看基本信息。

本例通过 pandas 的 read_excel()函数导入 Excel 文件中的数据，使用 info()函数查看索引、数据类型、内存等信息，使用 shape 函数查看数据的形状，使用 duplicated()函数查看数据的重复值。

```
import pandas as pd
# 导入数据
general_sg_data = pd.read_excel('general_sg.xlsx')
# 查看数据的基本信息
print('查看索引、数据类型、内存等信息：')
print(general_sg_data.info())
```

```
    print('查看形状: '+str(general_sg_data.shape))
    print('查看重复值: ')
    print(general_sg_data.duplicated())
```

例 8-22 的运行结果如图 8-36 所示。

查看索引、数据类型、内存等信息:
⟨class 'pandas.core.frame.DataFrame'⟩
RangeIndex: 24 entries, 0 to 23
Data columns (total 5 columns):
 #   Column  Non-Null Count  Dtype
---  ------  --------------  -----
 0   姓名      24 non-null     object
 1   统率值    23 non-null     float64
 2   武力值    24 non-null     int64
 3   智力值    22 non-null     float64
 4   人格值    22 non-null     float64
dtypes: float64(3), int64(1), object(1)
memory usage: 1.1+ KB
None
查看形状: (24, 5)
查看重复值:
0      False
1      False
2      False
3      False
4      False
5      False
6      False
7      False
8      False
9      False
10     False
11     False
12     False
13     False
14     False
15     False
16     False
17     False
18     False
19     False
20     False
21     False
22     False
23      True
dtype: bool

图 8-36　查看数据基本信息

从图 8-36 可以看出，数据共有 24 条，包括姓名、统率值、武力值、智力值、人格值 5 个字段。其中，统率值、智力值、人格值 3 个字段均有缺失值，需要对缺失值进行填充；第 24 条数据是重复数据，需要对重复数据进行删除。

通过查看图 8-37 所示的完整数据，可以看出：张飞的统率值和智力值数据为空，吕布的智力值和人格值数据为空，马超的人格值数据为空；第 3 条数据和第 24 条数据都是关于诸葛亮的，是重复数据；符合上面的分析结果。

general_sg_data

| | 姓名 | 统率值 | 武力值 | 智力值 | 人格值 |
|---|---|---|---|---|---|
| 0 | 曹操 | 99.0 | 72 | 91.0 | 94.0 |
| 1 | 司马懿 | 98.0 | 63 | 98.0 | 93.0 |
| 2 | 诸葛亮 | 98.0 | 38 | 100.0 | 95.0 |
| 3 | 周瑜 | 95.0 | 71 | 96.0 | 86.0 |
| 4 | 陆逊 | 94.0 | 69 | 95.0 | 87.0 |
| 5 | 孙坚 | 94.0 | 90 | 79.0 | 73.0 |
| 6 | 关羽 | 97.0 | 97 | 79.0 | 62.0 |
| 7 | 邓艾 | 93.0 | 87 | 89.0 | 81.0 |
| 8 | 贾诩 | 88.0 | 48 | 97.0 | 85.0 |
| 9 | 赵云 | 96.0 | 96 | 77.0 | 65.0 |
| 10 | 陆抗 | 91.0 | 63 | 87.0 | 85.0 |
| 11 | 孙策 | 96.0 | 92 | 74.0 | 70.0 |
| 12 | 姜维 | 92.0 | 89 | 90.0 | 67.0 |
| 13 | 张辽 | 95.0 | 92 | 78.0 | 58.0 |
| 14 | 郭嘉 | 88.0 | 15 | 96.0 | 84.0 |
| 15 | 吕蒙 | 91.0 | 81 | 89.0 | 78.0 |
| 16 | 刘备 | 81.0 | 77 | 78.0 | 80.0 |
| 17 | 陈泰 | 84.0 | 77 | 86.0 | 78.0 |
| 18 | 卢植 | 86.0 | 63 | 82.0 | 85.0 |
| 19 | 孙权 | 79.0 | 67 | 80.0 | 89.0 |
| 20 | 张飞 | NaN | 97 | NaN | 65.0 |
| 21 | 吕布 | 43.0 | 100 | NaN | NaN |
| 22 | 马超 | 85.0 | 97 | 62.0 | NaN |
| 23 | 诸葛亮 | 98.0 | 38 | 100.0 | 95.0 |

图 8-37　查看完整数据

（3）数据清洗。数据清洗的主要任务是删除原始数据集中的无关数据，平滑噪声数据，剔除与分析主题无关的数据，处理缺失值、异常值等。本实训中主要处理重复值和缺失值。

① 使用 drop_duplicates()函数去除重复值，如图 8-38 所示。

```
#  去除重复值
general_sg_data_1 = general_sg_data.drop_duplicates()
```

```
general_sg_data_1.duplicated()
```

```
0       False
1       False
2       False
3       False
4       False
5       False
6       False
7       False
8       False
9       False
10      False
11      False
12      False
13      False
14      False
15      False
16      False
17      False
18      False
19      False
20      False
21      False
22      False
dtype: bool
```

图 8-38　去除重复值

② 对缺失值进行填充。可以使用平均值、中位数、众数等填充缺失值，因为本数据集数据量较少，中位数、众数等意义不大，所以使用平均值进行填充。

📖【例 8-23】填充缺失值。

本例使用统率值、智力值、人格值各列的平均值来填充缺失值。

```
# 填充缺失值
# 分别获取统率值、武力值、智力值、人格值每一列的数据
ts = general_sg_data_1.iloc[:,1]
zl = general_sg_data_1.iloc[:,3]
rg = general_sg_data_1.iloc[:,4]
# 分别计算统率值、智力值、人格值每一列数据的平均值
ts_mean = round(ts.mean())
zl_mean = round(zl.mean())
rg_mean = round(rg.mean())
# 使用平均值填充统率值、智力值、人格值 3 列的缺失值
df = pd.DataFrame(general_sg_data_1)
```

```
df['统率值'] = df['统率值'].fillna(ts_mean)
df['智力值'] = df['智力值'].fillna(zl_mean)
df['人格值'] = df['人格值'].fillna(rg_mean)
```

例 8-23 的运行结果如图 8-39 所示。

df

| | 姓名 | 统率值 | 武力值 | 智力值 | 人格值 |
|---|---|---|---|---|---|
| 0 | 曹操 | 99.0 | 72 | 91.0 | 94.0 |
| 1 | 司马懿 | 98.0 | 63 | 98.0 | 93.0 |
| 2 | 诸葛亮 | 98.0 | 38 | 100.0 | 95.0 |
| 3 | 周瑜 | 95.0 | 71 | 96.0 | 86.0 |
| 4 | 陆逊 | 94.0 | 69 | 95.0 | 87.0 |
| 5 | 孙坚 | 94.0 | 90 | 79.0 | 73.0 |
| 6 | 关羽 | 97.0 | 97 | 79.0 | 62.0 |
| 7 | 邓艾 | 93.0 | 87 | 89.0 | 81.0 |
| 8 | 贾诩 | 88.0 | 48 | 97.0 | 85.0 |
| 9 | 赵云 | 96.0 | 96 | 77.0 | 65.0 |
| 10 | 陆抗 | 91.0 | 63 | 87.0 | 85.0 |
| 11 | 孙策 | 96.0 | 92 | 74.0 | 70.0 |
| 12 | 姜维 | 92.0 | 89 | 90.0 | 67.0 |
| 13 | 张辽 | 95.0 | 92 | 78.0 | 58.0 |
| 14 | 郭嘉 | 88.0 | 15 | 96.0 | 84.0 |
| 15 | 吕蒙 | 91.0 | 81 | 89.0 | 78.0 |
| 16 | 刘备 | 81.0 | 77 | 78.0 | 80.0 |
| 17 | 陈泰 | 84.0 | 77 | 86.0 | 78.0 |
| 18 | 卢植 | 86.0 | 63 | 82.0 | 85.0 |
| 19 | 孙权 | 79.0 | 67 | 80.0 | 89.0 |
| 20 | 张飞 | 89.0 | 97 | 86.0 | 65.0 |
| 21 | 吕布 | 43.0 | 100 | 86.0 | 79.0 |
| 22 | 马超 | 85.0 | 97 | 62.0 | 79.0 |

图 8-39　填充缺失值

查看清洗后的数据的基本信息，可知共 23 条数据，5 个字段，已经没有缺失值和重复值了，如图 8-40 所示。

```
df. info()
```

```
<class 'pandas. core. frame. DataFrame'>
Int64Index: 23 entries, 0 to 22
Data columns (total 5 columns):
 #   Column   Non-Null Count   Dtype
---  ------   --------------   -----
 0   姓名       23 non-null      object
 1   统率值      23 non-null      float64
 2   武力值      23 non-null      int64
 3   智力值      23 non-null      float64
 4   人格值      23 non-null      float64
dtypes: float64(3), int64(1), object(1)
memory usage: 1.1+ KB
```

```
df. duplicated()
```

```
0     False
1     False
2     False
3     False
4     False
5     False
6     False
7     False
8     False
9     False
10    False
11    False
12    False
13    False
14    False
15    False
16    False
17    False
18    False
19    False
20    False
21    False
22    False
dtype: bool
```

图 8-40　查看清洗后的数据的基本信息

（4）数据分析。

① 查看数据描述性统计。通过 describe()函数查看数据描述性统计，整体了解统率值、武力值、智力值、人格值这 4 项数据的平均值、标准差等信息，如图 8-41 所示。

```
df.describe()
```

| | 统率值 | 武力值 | 智力值 | 人格值 |
|---|---|---|---|---|
| count | 23.000000 | 23.000000 | 23.000000 | 23.000000 |
| mean | 89.217391 | 75.695652 | 85.869565 | 79.043478 |
| std | 11.500816 | 21.265497 | 9.245659 | 10.472814 |
| min | 43.000000 | 15.000000 | 62.000000 | 58.000000 |
| 25% | 87.000000 | 65.000000 | 79.000000 | 71.500000 |
| 50% | 92.000000 | 77.000000 | 86.000000 | 80.000000 |
| 75% | 95.500000 | 92.000000 | 93.000000 | 85.500000 |
| max | 99.000000 | 100.000000 | 100.000000 | 95.000000 |

图 8-41　查看数据描述性统计

② 进行 Top 排序。使用 sort_values()函数分别按照"武力值"和"智力值"对名将数据进行降序排序，如图 8-42 所示。

```
# 按照武力值排序——Top5
df.sort_values(by='武力值',ascending=[False]).head()
```

| | 姓名 | 统率值 | 武力值 | 智力值 | 人格值 |
|---|---|---|---|---|---|
| 21 | 吕布 | 43.0 | 100 | 86.0 | 79.0 |
| 22 | 马超 | 85.0 | 97 | 62.0 | 79.0 |
| 6 | 关羽 | 97.0 | 97 | 79.0 | 62.0 |
| 20 | 张飞 | 89.0 | 97 | 86.0 | 65.0 |
| 9 | 赵云 | 96.0 | 96 | 77.0 | 65.0 |

```
# 按照智力值排序——Top5
df.sort_values(by='智力值',ascending=[False]).head()
```

| | 姓名 | 统率值 | 武力值 | 智力值 | 人格值 |
|---|---|---|---|---|---|
| 2 | 诸葛亮 | 98.0 | 38 | 100.0 | 95.0 |
| 1 | 司马懿 | 98.0 | 63 | 98.0 | 93.0 |
| 8 | 贾诩 | 88.0 | 48 | 97.0 | 85.0 |
| 3 | 周瑜 | 95.0 | 71 | 96.0 | 86.0 |
| 14 | 郭嘉 | 88.0 | 15 | 96.0 | 84.0 |

图 8-42　进行 Top 排序

③ 计算"综合得分"。按照"统率值"占比 30%、"智力值"占比 30%、"武力值"占比 15%、"人格值"占比 25%的方式，计算名将综合得分并输出综合得分 Top5 排序，如图 8-43 所示。

```
# 计算名将综合得分
df['综合得分'] = df['统率值']*0.3+df['智力值']*0.3+df['武力值'] *0.15+df
['人格值']*0.25
```

```
df.sort_values(by='综合得分', ascending=[False]).head()
```

| | 姓名 | 统率值 | 武力值 | 智力值 | 人格值 | 综合得分 |
|---|---|---|---|---|---|---|
| 1 | 司马懿 | 98.0 | 63 | 98.0 | 93.0 | 91.50 |
| 0 | 曹操 | 99.0 | 72 | 91.0 | 94.0 | 91.30 |
| 3 | 周瑜 | 95.0 | 71 | 96.0 | 86.0 | 89.45 |
| 2 | 诸葛亮 | 98.0 | 38 | 100.0 | 95.0 | 88.85 |
| 4 | 陆逊 | 94.0 | 69 | 95.0 | 87.0 | 88.80 |

图 8-43　计算"综合得分"

（5）导出数据。

将带有"综合得分"列的数据导出到 Excel 文件中。

```
df.to_excel('general_sg_score.xlsx')
```

运行代码后，发现导出的文件已经在目录中了，如图 8-44 所示，可以下载并查看该文件。

| Jupyter | | | | Quit | Logout |
|---|---|---|---|---|---|
| Files | Running | Clusters | | | |
| Select items to perform actions on them. | | | | Upload | New ⌄ ↻ |
| ☐ 0 ⌄ ▪️ / 01-Python科学计算库 | | | Name ↓ | Last Modified | File size |
| ☐ .. | | | | 几秒前 | |
| ☐ 5.1.1 Python和Numpy计算耗时对比.ipynb | | | | 4 天前 | 1.89 kB |
| ☐ 5.1.2 Numpy基本操作.ipynb | | | | 运行 4 天前 | 16.5 kB |
| ☐ 5.1.3 Numpy矩阵运算.ipynb | | | | 4 天前 | 3.75 kB |
| ☐ 5.1.4 Numpy常用数值计算函数.ipynb | | | | 2 天前 | 4.74 kB |
| ☐ 5.1.5 案例：使用Numpy统计学生成绩.ipynb | | | | 2 天前 | 3.78 kB |
| ☐ 5.2.2 Scipy常量模块介绍.ipynb | | | | 2 天前 | 1.76 kB |
| ☐ 5.2.3 使用Scipy实现正态分布.ipynb | | | | 2 天前 | 103 kB |
| ☐ 5.3.2 Pandas核心数据结构.ipynb | | | | 运行 1 天前 | 16.4 kB |
| ☐ 5.3.3 Pandas常用数据分析函数.ipynb | | | | 运行 几秒前 | 68.8 kB |
| ☐ general_sg.xlsx | | | | 5 小时前 | 11.2 kB |
| ☐ general_sg_score.xlsx | | | | 1 分钟前 | 6.5 kB |
| ☐ norm.png | | | | 2 天前 | 179 kB |

图 8-44　导出数据

## 实训 8.4　使用 Matplotlib 绘制饼图

[实训背景]

在使用 Python 进行数据分析时，不仅需要使用数据可视化技术直观地进行数据探索性分析，还需要用可视化技术将最终的结果呈现出来，以方便查看和理解。Matplotlib 是 Python 中最基础、最核心的数据可视化图库之一。借助 Matplotlib，用户能够将数据轻松地转换为可视化图表，以便更直观地展示数据特征和趋势。

使用 Matplotlib
绘制饼图

[实训目的]

① 了解常用的饼图类型。

② 掌握使用 Matplotlib 绘制基础饼图、分裂饼图、阴影饼图和环形图，并设置环形图圈内外边界属性的方法。

[核心知识点]

- NumPy 数值计算函数。
- Matplotlib 可视化图库。

[实现思路]

① 设置画布。

② 构建参数。

③ 绘制饼图。

[实现代码]

某年电视剧市场中家庭剧、谍战剧、悬疑剧、古装剧占比分别为 20%、30%、15%、35%，请依据占比情况绘制饼图。实训 8.4 的实现代码如例 8-24 所示。

📖 【例 8-24】使用 Matplotlib 绘制饼图。

本例使用 Matplotlib 分别绘制家庭剧、谍战剧、悬疑剧、古装剧的基础饼图、分裂饼图、阴影饼图、环形图，并通过 wedgeprops 参数设置环形图内外边界的属性。

```python
# 导入包
import numpy as np
import matplotlib.pyplot as plt
# 设置中文显示正常
plt.rcParams['font.sans-serif'] = ['SimHei']
plt.rcParams['axes.unicode_minus'] = False
# 设置画布
fig = plt.figure (figsize = (12,10), dpi = 100)
# 构建参数
x = np.array([0.2,0.3,0.15,0.35])
colors1 = ['#4682B4','#5F9EA0','#87CEFA','#008B8B']
colors2 = ['#808000','#DAA520','#FFA07A','#BC8F8F']
labels = ['家庭剧','谍战剧','悬疑剧','古装剧']
# 绘制第 1 幅图——基础饼图
ax1 = fig.add_subplot(221)
ax1.pie(x,colors=colors1,labels=labels,autopct='%1.1f%%')
plt.title('各类电视剧占比——基础饼图')
# 绘制第 2 幅图——分裂饼图
explode = (0,0,0,0.1)
ax2=fig.add_subplot(222)
# 通过设置 explode 参数实现分裂饼图
ax2.pie(x,colors=colors2,labels=labels,autopct='%1.1f%%',explode=explo
de)
plt.title('各类电视剧占比——分裂饼图')
# 绘制第 3 幅图——阴影饼图
ax3 = fig.add_subplot(223)
# 将 shadow 参数设置为 True 即可实现阴影效果
ax3.pie(x,colors=colors2,labels=labels,autopct='%1.1f%%',explode=explo
de,shadow=True)
plt.title('各类电视剧占比——阴影饼图')
# 绘制第 4 幅图——环形图
ax4 = fig.add_subplot(224)
# 通过 wedgeprops 参数设置环形图内外边界的属性，如环的宽度、环边界的颜色
```

```
wedgeprops = {'width':0.4,'edgecolor':'k'}
ax4.pie(x,colors=colors1,labels=labels,autopct='%1.1f%%',pctdistance=0
.8,wedgeprops=wedgeprops)
plt.title('各类电视剧占比——环形图')
plt.show()
```

[运行结果]

例8-24的运行结果如图8-45所示。

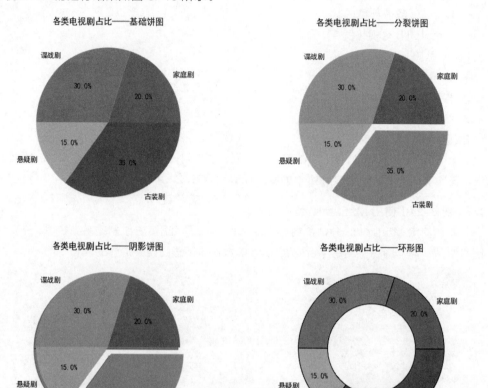

图8-45  使用Matplotlib绘制饼图

## 模块小结

本模块主要介绍了NumPy、SciPy、pandas、Matplotlib的基本使用方法。本模块核心知识点总结如下。

（1）NumPy是以矩阵为基础的数值计算库，用于存储和处理大型矩阵。

（2）SciPy是基于NumPy的科学和工程领域的科学计算库，可以处理统计、线性代数等相关问题。

（3）pandas是基于NumPy的数据分析库。pandas中的DataFrame比较契合统计分析中的表结构，可以快速、便捷地处理结构化数据。

（4）Matplotlib是Python中最基础、最核心的数据可视化图库，它不仅提供散点图、折线图、饼图等常用的图表绘制函数，还提供丰富的画布设置、颜色设置等方法。

拓展知识

### 1. NumPy 数据类型

NumPy 的数据类型比 Python 丰富，其数据类型如表 8-23 所示。

**表 8-23　NumPy 数据类型**

| 数据类型 | 描述 |
| --- | --- |
| bool_ | 布尔数据类型（值为 True 或者 False） |
| int_ | 默认的整数类型（类似于 C 语言中的 long、int32 或 int64） |
| intc | 与 C 语言中的 int 类型一样，数据大小一般为 32 位或 64 位 |
| intp | 用于索引的整数类型（类似于 C 语言中的 ssize_t，一般情况下仍然是 32 位或 64 位） |
| int8 | 字节（-128～127） |
| int16 | 整数（-32768～32767） |
| int32 | 整数（-2147483648～2147483647） |
| int64 | 整数（-9223372036854775808～9223372036854775807） |
| uint8 | 无符号整数（0～255） |
| uint16 | 无符号整数（0～65535） |
| uint32 | 无符号整数（0～4294967295） |
| uint64 | 无符号整数（0～18446744073709551615） |
| float16 | 半精度浮点数，包括 1 个符号位、5 个指数位、10 个尾数位 |
| float32 | 单精度浮点数，包括 1 个符号位、8 个指数位、23 个尾数位 |
| float64 | 双精度浮点数，包括 1 个符号位、11 个指数位、52 个尾数位 |
| float_ | float64 类型的简写 |
| complex_ | complex128 类型的简写，即 128 位复数 |
| complex64 | 复数，表示双精度 32 位浮点数（实数部分和虚数部分） |
| complex128 | 复数，表示双精度 64 位浮点数（实数部分和虚数部分） |
| datatime64 | 日期和时间类型 |
| timedelta64 | 两个时间之间的间隔 |

### 2. matrix 和 array

在 NumPy 中，matrix（矩阵）和 array（数组）这两种数据类型都可以进行矩阵运算。matrix 是 array 的分支，二者很多时候是通用的。

matrix 具有相对简单的运算符号，如 matrix 中矩阵乘法可以直接使用符号*，但 array 中需要使用 dot()。array 更灵活，运行速度更快。array 不仅可以表示一维矩阵，还能表示二维、三维、四维、多维矩阵。在大部分 Python 程序中，array 更常用。

### 3. 数据分析的概念

数据分析是指用适当的统计分析方法对收集的数据进行分析，将它们汇总、理解、消化，以最大化地挖掘数据的功能，发挥数据的作用。数据分析是为了提取有用信息并形成结论，而对数据加以详细研究和概括总结的过程。

## 知识巩固

### 1. 选择题

（1）NumPy 的 ndim()函数用于查看数组的（　　　）属性。

    A. 数组形状    B. 元素个数       C. 数组维数       D. 元素类型

（2）NumPy 的 eye()函数用于快捷创建（　　　）。

    A. 以 0 填充的数组            B. 单位矩阵

    C. 以 1 填充的数组            D. 包含给定值的数组

（3）NumPy 的 linspace()函数用于创建（　　　）。

    A. 指定起始值、终止值和样本数量的数组

    B. 指定起始值、终止值和步长的数组

    C. 指定起始值、终止值、样本数量和 log 底数的数组

    D. 包含给定值的数组

（4）以下不属于数据清洗函数的是（　　　）。

    A. fillna()               B. drop_duplicates()

    C. mean()               D. replace()

（5）以下不属于数据统计函数的是（　　　）。

    A. mode()    B. var()       C. mean()       D. concat()

（6）以下用于绘制热力图的函数是（　　　）。

    A. hist()       B. imshow()     C. boxplot()     D. scatter()

### 2. 简答题

（1）请描述 NumPy 的特点，并说明为什么 NumPy 数组的计算速度比 Python 列表的计算速度快。

（2）请描述矩阵的加法、减法、数乘和乘法的运算法则。

（3）请描述矩阵转置和求逆的运算法则。

（4）请列举 5 个 NumPy 数学运算的函数。

（5）请列举 5 个 NumPy 统计分析的函数。

（6）请描述 SciPy 中 stats、constants 模块的主要作用。

（7）请简述正态分布，并简述使用 SciPy 编程实现正态分布的主要逻辑。

（8）请简述创建 Series 和 DataFrame 的方式。

（9）请列举 5 个 DataFrame 的常用属性。

（10）请列举至少 8 个 pandas 常用的数据分析函数。

（11）请简述数据可视化的意义及其具有的特性。

（12）请描述 bar()函数中各个参数的意义。

（13）请描述 pie()函数中各个参数的意义。

某购物网站用户购物行为分析。现有一份某购物网站的为期一个月的用户购物行为数据，字段说明如下。

- user_id：用户 ID（脱敏）。
- item_id：商品 ID（脱敏）。
- behavior_type：行为（点击、收藏、加入购物车、购买 4 种行为分别对应数字 1、2、3、4）。
- user_geohash：地理位置（大量缺失）。
- item_category：商品类别。

请结合此数据对用户购物行为进行分析，可从页面浏览量（Page View，PV）、独立访客（Unique Visitor，UV）数、跳出率等指标分析网站浏览信息，可用 RFM 模型（一种衡量客户价值和客户创造利益能力的方法）分析用户价值。

[实训考核知识点]

- pandas 数据分析库。
- Matplotlib 可视化图库。

[实训参考思路]

① 使用 pandas 对数据进行导入、清洗、统计分析。
② 使用 Matplotlib 对数据进行探索分析及可视化。
③ 输出数据分析报告。

[实训参考运行结果]

购物网站用户购物行为分析的参考运行结果如图 8-46 和图 8-47 所示。

| | 用户ID | R(时间差) | F(购买次数) | R_score | F_score | RF_score | 用户等级 |
|---|---|---|---|---|---|---|---|
| 0 | 7591 | 14 | 4 | 4 | 1 | 2.5 | 挽留用户 |
| 1 | 12645 | 6 | 3 | 5 | 1 | 3.0 | 发展用户 |
| 2 | 79824 | 15 | 1 | 3 | 1 | 2.0 | 易流失用户 |
| 3 | 88930 | 8 | 5 | 5 | 1 | 3.0 | 发展用户 |
| 4 | 100539 | 4 | 3 | 6 | 1 | 3.5 | 忠诚用户 |
| ... | ... | ... | ... | ... | ... | ... | ... |
| 4325 | 142244794 | 2 | 3 | 6 | 1 | 3.5 | 忠诚用户 |
| 4326 | 142265405 | 3 | 4 | 6 | 1 | 3.5 | 忠诚用户 |
| 4327 | 142358910 | 9 | 1 | 5 | 1 | 3.0 | 发展用户 |
| 4328 | 142368840 | 15 | 1 | 3 | 1 | 2.0 | 易流失用户 |
| 4329 | 142430177 | 13 | 1 | 4 | 1 | 2.5 | 挽留用户 |

4330 rows × 7 columns

图 8-46　购物网站用户购物行为分析的参考运行结果（RFM 模型得分及用户等级）

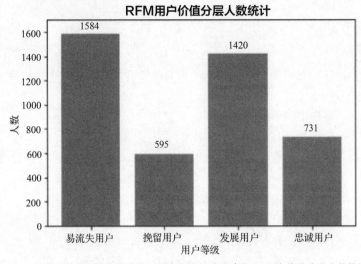

图 8-47　购物网站用户购物行为分析的参考运行结果（RFM 用户价值分层人数统计）